Carl Berenberg

Die Nordseeinseln an der deutschen Küste nebst ihren See-Badeanstalten

(1865)

weitsuechtig

Carl Berenberg

Die Nordseeinseln an der deutschen Küste nebst ihren See-Badeanstalten

(1865)

ISBN/EAN: 9783943850253

Auflage: 1

Erscheinungsjahr: 2012

Erscheinungsort: Bremen, Deutschland

@ weitsuechtig in Access Verlag GmbH, Fahrenheitstr. 1, 28359 Bremen. Alle Rechte beim Verlag und bei den jeweiligen Lizenzgebern.

weitsuechtig

Die Nordsee-Inseln

an der deutschen Küste

nebst ihren

See-Badeanstalten.

Von

Carl Berenberg.

Hannover.
Schmorl & von Seefeld.
1865.

Einleitung.

An der äußersten Grenze des festen Landes deutscher Erde, wo die weite Fläche der stürmischen Nordsee beginnt, ragen einzelne Gruppen und Ketten kleiner meerumbrauster Inseln aus den Fluthen der See hervor. Sie bilden gleichsam einen Damm gegen die heranstürmenden Wogen und schützen dadurch die dahinter liegenden eingedeichten niedrigen Ufer des Continents vor der unmittelbaren Gewalt des zerstörenden Meeres. So wild, so einsam und öde sind die meisten dieser kleinen Eilande, daß es wohl selten einen Menschen aus den romantisch=schönen Gegenden des übrigen Deutschlands dahin ziehen würde, wenn nicht an dem sandigen Ufer die brandende Woge schäumend niederstürzte und der flache Strand die herr= lichsten Stellen für die kräftigen Seebäder darböte.

Lange Zeit war der größte Theil dieser Inselwelt fast unbeachtet geblieben. Seitdem jedoch die gewaltige Kraft des Dampfes für den See= und Landverkehr in Anwendung gekommen, zogen auch die Seebäder, welche erst in diesem Jahrhundert benutzt zu werden anfingen, diesen Inseln immer zahlreichere Gäste zu. In Folge davon hat sich hier in neuester Zeit — namentlich auf den hannoverschen Inseln, die sich für diesen Zweck ganz besonders eignen — die Zahl der Badeanstalten fort=

während vergrößert, so daß nunmehr die Reihe der Inseln von Borkum bis Sylt, welche sich längs der Küste in einer Entfernung von etwa 38 deutschen Meilen hinzieht, eine reiche Auswahl von solchen Seebadeorten darbietet.

Aber auch dem sinnigen Freunde der Natur eröffnet sich beim Anblick des großartigen, belebten Meeres, welches in seiner ursprünglichen Eigenthümlichkeit waltet, ein Feld unerschöpflicher und reicher Beobachtungen. Der Reiz des Geheimnißvollen, den dies Element besitzt, verbunden mit dem fortwährenden Wechsel, in welchem dasselbe bald durch seine oft furchtbar werdende Macht Staunen und Bewunderung erregt, bald in sonnenbeleuchteter lieblicher Ruhe die verschiedenartigsten Bilder hervorzaubert, tragen zu der wunderbaren Anziehungskraft bei, die nicht selten schon der einmalige Anblick der See ausübt.

Derartige Erinnerungen an das Meer, sowie der Gedanke, daß eine übersichtliche Darstellung sämmtlicher Nordsee=Inseln für manchen Besucher dieser Gegenden nicht ohne Nutzen sein werde, haben den Verfasser veranlaßt, diese unter sich vielfach verschiedenen Eilande, welche ihm meistens aus eigener Anschauung bekannt sind, in einer kurzen Beschreibung nach ihrer jetzigen Gestalt zusammenzustellen. Bei der Reihenfolge ist auf die geographische Lage, von Westen nach Osten fortschreitend, Rücksicht genommen, so daß also die zum Königreich Hannover gehörenden Inseln den Anfang bilden.

Inhalt.

Beschreibung der Inseln.   Seite.
Borkum 1
Juist 14
Norderney 18
Baltrum 37
Langeoog 38
Spiekeroog 39
Wangeroog 48
Helgoland 51
Föhr 68
Sylt 81

Naturgeschichtliche Uebersicht.
Das Meer 99
Das Klima 108
Die Bodenbeschaffenheit 112
Die Pflanzenwelt 117
Die Thierwelt 122

Beschreibung der Inseln.

Still die Düne, schaumumkränzt
In der vielbewegten See;
Klare, grüne Fluth begränzt
Zarten Ring, so weiß wie Schnee.

Langer, schmaler Streifen Sand
Hebt vom Ring sich sanft hervor;
Grünbedeckt, mit falbem Rand
Steigen Hügel d'raus empor.

     Ernst Hallier.

Borkum.

Bis zum Jahre 1856 war Borkum den meisten Bewohnern des inneren Deutschlands vollständig unbekannt, indem der Verkehr auf das benachbarte Festland beschränkt blieb und diese Insel nur selten von Fremden besucht wurde. Durch die Eröffnung der hannoverschen Westbahn, am 23. Juni 1856, entwickelten sich jedoch auch für Borkum bedeutendere Communicationsmittel, welche durch Einrichtung von regelmäßigen Dampfschifffahrten den Verkehr mit der Insel sehr erleichterten und der neuen Seebadeanstalt eine immer größere Anzahl von Badegästen zuführten. Obwohl sich hier nun schon Vieles im Verhältniß zu der Zeit, in welcher die Insel nur wenigen ostfriesischen Familien zum Sommeraufenthalt diente, geändert hat, und allmälig immer bessere Einrichtungen entstanden sind, so haben dieselben doch dem einfachen und billigen Leben auf diesem Eilande keineswegs Eintrag gethan.

Man erreicht die Insel durch Dampfschiff= resp. Fährschiffverbindungen nur über Leer und Emden. Um nach diesen Städten zu gelangen, fährt man von der Station Rheine, wo sich die aus Osten und Süden Deutschlands führenden Bahnen vereinigen, in nördlicher Richtung über Lingen, Papenburg*) u. s. w. nach der in neuerer Zeit sehr blühend gewordenen Stadt Leer**),

---
*) Papenburg hat der Zahl nach die bedeutendste Rhederei im Königreich Hannover und waren im Jahre 1864: 190 Seeschiffe von 15,822 Lasten daselbst heimathberechtigt.
**) Leer zählte am 3. December 1864 in 1059 Häusern 8825 Einwohner und besaß in dem genannten Jahre 53 Seeschiffe von 3357 Lasten.

woselbst sich die Post von Oldenburg anschließt (Fahrzeit etwa 7 Stunden). Von Leer aus erreicht man sodann mit der Eisenbahn in ungefähr ¾ Stunden die alt= berühmte Stadt Emden. Gewöhnlich pflegen während des Sommers besondere Schnellzüge von Hannover über Rheine nach Emden zu gehen, so daß die Passagiere am anderen Morgen mit den Dampfbooten weiter fahren können (Gasthöfe: Zum weißen Hause, Zur Börse u. a. m.). Die Stadt zählte am 3. December 1864 in 2128 Häu= sern 12,053 Einwohner *). Während der Monate Juli, August und September gehen sowohl von Leer als auch von Emden etwa alle vier Tage und öfter die Dampf= schiffe nach Borkum, und zwar von ersterer Stadt in etwa 4½ und von letzterer in ungefähr 3 Stunden. (Das Billet zur Ueberfahrt kostet auf beiden Schiffen 1 ℳ 10 gr). Von Emden wird auch die Verbindung mit dieser Insel durch ein Fährschiff, welches ungefähr alle vier oder fünf Tage in etwa 4 Stunden hinüber fährt, unter=

---

*) Die Bauart und Einrichtung der Häuser Emdens erinnert sehr an Holland. Das in der Nähe des Hafens liegende Rathhaus, welches in der Architectur dem Antwerpener ähnlich ist, enthält eine große Waffensammlung, welche durch ihre Reichhaltigkeit zu den bedeutendsten in Deutschland gehört, indem sich z. B. allein etwa 1000 Schußwaffen darunter befinden. (Eintrittspreis à Person 5 gr pro Stunde, über eine Stunde 7½ gr, für mehrere Personen verhältnißmäßig billiger.) In nordwestlicher Richtung vom Rath= hause, ziemlich am Ende der Stadt, liegt das Gebäude für das naturhistorische Museum (seit 1814), welches namentlich durch seine reichhaltige Bernsteinsammlung sehenswerth ist (Eintrittskarte 5 gr). Außerdem besitzt die Gesellschaft für bildende Kunst und vaterländische Alterthümer in einem eigenen Gebäude, „die Kunst" genannt, eine Sammlung von Zeichnungen, Gemälden, Büchern u. s. w. (Trink= geld nach Belieben). Die „große Kirche" in Emden enthält ebenfalls einige historische Merkwürdigkeiten. — Die Umgegend Emdens, das sogenannte Krummhörn bildet den fruchtbarsten Theil Ostfrieslands.
An Seeschiffen besaß Emden im Jahre 1864: 75 Seeschiffe von 4572 Lasten (3 Barks, 3 Briggs, 7 Schoonerbriggs, 20 Schooner, 7 Schoonergalioten, 3 Schoonerkuffs, 5 Galioten, 22 Kuffs, 1 Tjalk, 1 Ever, 2 Lootsschooner und 1 Lootskutter).

halten; da jedoch Wind und Wetter hierbei von größtem Einfluß sind, so kann diese Fahrt in ungünstigen Fällen möglicherweise auch zwei= bis dreimal so lange dauern. Es wird daher diese Reisegelegenheit, welche für jeden Passagier 20 gr kostet, verhältnißmäßig selten benutzt. Die Fahrpläne der genannten Schiffe werden jährlich bekannt gemacht, unter Anderen sind dieselben in der Juli=Quartals=Nummer des zu Hannover erscheinenden Post= und Eisenbahn=Coursbuches vom Herrn Ober=Post=Inspector Moeller enthalten (Preis der einzelnen Nummer nebst zwei Karten 6 gr).

Der Landungsplatz des Embdener Dampfschiffes befindet sich in der Nähe der Hôtels „Zum weißen Hause" und „Zur Börse", so daß man sich von hier aus mit wenigen Schritten an Bord begeben kann. Sodann fährt das Schiff den mit Deichen eingefaßten Kanal entlang bis zur Schleuse; während, wenn das Leerer Dampfboot die Ems herab= kommt und unmittelbar vor der Schleuse anlegt, die Reisenden auf einem hinter dem Deiche längs dem Kanal sich erstreckenden Wege in ca. ¾ Stunden von der Stadt bis zum Anlegeplatz des Dampfschiffes mit dem Omnibus befördert werden. Oberhalb der Schleuse ist eine Schanze angelegt, um in Kriegszeiten das Herannahen feindlicher Schiffe zu verhindern.

Sobald der Dampfer die Schleuse verlassen hat, gelangt er auf die breite Fläche des Dollart, welcher durch die Sturmfluthen des Jahres 1277 entstanden ist, indem in Folge dieser Katastrophe eine Fläche Landes von 7 Quadratmeilen vom Meere bedeckt wurde. Doch werden von den Schlickmassen, welche an dem Ufer dieses Meerbusens sich ablagern, von Zeit zu Zeit neue Strecken den Wogen des Dollart wieder abgewonnen und mit Deichen umzogen. Hieraus entstehen dann die sogenannten Polder, welche ihrer großen Fruchtbarkeit wegen be= rühmt sind.

Das Fahrwasser für die Schiffe wird durch einzelne, in den Boden mit Ketten befestigte Tonnen oder durch

1*

eingegrabene Birkenstämme, welche über die Fläche der See hervorragen, bezeichnet. Im Süden und Westen dehnt sich die holländische Küste aus, während sich nörd= lich vom Dampfboot in der Richtung von Osten nach Westen das ostfriesische Festland hinzieht, dessen äußerste Spitze, die Knocke genannt, die Bucht von Wiebelsum im Westen begrenzt. Es sind hier ebenfalls Schanzen angelegt, und wird während der Nacht dieser Küsten= vorsprung durch ein Leuchtfeuer bezeichnet. Diese Bucht hat eine bedeutende Tiefe und eine gegen die heftigsten Winde aus nördlicher Richtung geschützte Lage, so daß sie sich z. B. zur Anlage eines Kriegshafens trefflich eignen würde, zumal da die Geschütze den ganzen Raum von der Knocke bis zu der gegenüber liegenden Küste beherrschen *).

Der Dampfer folgt nun dem Laufe der Ems in nordwestlicher Richtung; die Wogen fangen an höher zu gehen und den der Nordsee eigenthümlichen Farbenton anzunehmen, während, wie bei allen Seefahrten an diesen Küsten, wenn nicht geradezu Windstille herrscht, die Luft auf dem Wasser schärfer weht als auf dem Lande, und im Sommer eine verhältnißmäßig geringere Temperatur hat. Aus diesen Gründen pflegt man sich für die Zeit, welche man auf den Wellen des Meeres zubringt, mit warmen Kleidungsstücken zu versehen, namentlich, wenn der Himmel bedeckt ist und die erwärmenden Strahlen der Sonne fehlen.

Bald wird nun am nördlichen Horizonte der Leucht= thurm von Borkum und bald darauf die Dünenkette, endlich auch der flache Strand der Insel sichtbar. Das Dampfschiff wendet sich, um im tieferen Fahrwasser zu bleiben, nach Nordosten, bis es die Stelle erreicht, wo

---

*) Auch würde die Knocke, als Hafen eingerichtet und durch eine Eisenbahn mit Emden verbunden, für letzteres eine ähnliche Wichtigkeit erhalten wie Bremerhaven für Bremen, oder Curhaven für Hamburg.

es Anker werfen kann und die Passagiere durch ein Boot der Insulaner in etwa 5 Minuten nach dem Lande geschafft werden (à Person 2½ gr). Sodann steigt man von dem Boote in einen der am Ufer bereit stehenden offenen Wagen, mit welchem man über den weiten Strand, die Außenweide und, an dem Wiesenlande her, in etwa einer Stunde das Dorf Borkum erreicht. (Für einen Platz auf dem Wagen ist 7½ gr, für das Gepäck, welches nachgeschafft wird, besonders zu zahlen.)

Ueber den meist einstöckigen Häusern des Orts erhebt sich außer dem Leuchtthurm das große zweistöckige, neu erbaute Gasthaus von Köhler, welches mit 17 geräumigen Logirzimmern den Fremden ein Unterkommen bietet. Dasselbe enthält außerdem einen großen Speisesaal, ferner Lesezimmer, verschiedene Läden (u. A. die Buchhandlung von Waldemar Hahnel aus Emden) u. s. w. Im Jahre 1864 ist auch noch ein anderes großes Gasthaus von Bakker eröffnet, doch pflegen die meisten Fremden (etwa 600 jährlich) in den kleinen Häusern der Insulaner ihren dauernden Aufenthalt zu nehmen. Die Zahl der Zimmer in den etwa 100 Wohnhäusern der Insel beläuft sich auf 170 und sind dieselben je nach der Größe, Einrichtung u. s. w. in vier verschiedene Klassen eingetheilt; der Preis für ein Zimmer erster Klasse beträgt wöchentlich 4 ℳ; zweiter Klasse 3 ℳ; dritter Klasse 2 ℳ und vierter Klasse 1 bis 1½ ℳ (ein besonderes Verzeichniß sämmtlicher Wohnungen ist beim Vogt oder dem Ortsvorsteher zu erhalten). Die Stunde der Mittagstafel ist von der Badezeit, welche sich nach dem Hochwasser richtet, abhängig und beträgt der Preis à Person 15 gr (ohne Wein). Das Essen besteht gewöhnlich aus drei bis vier Gängen und werden jetzt die Lebensmittel für einen größeren Fremdenbesuch in hinreichender Menge nach der Insel geschafft. Das Schwarzbrod enthält, wie auf den übrigen Inseln und dem Festlande der Ostfriesen, kleine Theile von Roggenkörnern und Kleie; schmeckt jedoch den Meisten vortrefflich. An gutem Weißbrod ist ebenfalls

kein Mangel. Abends pflegen die Badegäste, welche in
Borkum rascher als auf einem anderen Seebadeorte sich
vereinigen, in den Sälen der Gasthöfe zu mancherlei
Unterhaltungen sich zusammen zu finden. Frühstück oder
Abendbrod erhält man auch gegen billige Vergütung in
den Privatlogis. Die Bauart der Häuser, welche schon
länger existiren, ist noch die der Bauernhäuser in Ost=
friesland, indem z. B. die Viehställe mit den Wohnungen
unter einem Dache sich befinden; ferner sind häufig die
Betten wie auf den Schiffen in Wandschränken oder
sogenannten Kojen angebracht, doch werden in neuerer
Zeit auch Bettstellen, Sophas u. dergl. zum Bedarf der
Fremden angeschafft. Da jedoch fast sämmtliche Einrich=
tungen aus den keineswegs sehr großen Mitteln der
Insulaner bestritten werden müssen, ist es erklärlich, weß=
halb noch nicht Alles einen gewissen Grad von Comfort
erreicht hat.

Die Zahl der Einwohner beträgt 512, von denen
einige dreißig auf dem sogenannten Ostlande von Acker=
bau und Viehzucht leben. Die Insel, welche in der Zeit
vor 1657 eine bedeutend größere Ausdehnung hatte,
wurde nämlich in dem erwähnten Jahre in das West=
und Ostland getheilt, indem eine Sturmfluth zwischen
diesen beiden Inselstücken durchbrach, und hier eine schmale
Strecke flachen Sandes zurückließ, die, wenn nicht allzu=
hohe Fluthen es verhindern, zu Fuße passirt werden
kann. Seit 1859 gehört Borkum zum Amte Emden und
ist der vor einigen Jahren auf der Insel angestellte Arzt,
Dr. Hübener, zugleich mit den Geschäften des Vogts
beauftragt. Die Stelle als Prediger daselbst hat 1863 der
reformirte Pastor Houtrouw erhalten. — Die Länge
der Insel beträgt ungefähr 3 Stunden bei einer Breite
von reichlich einer Stunde, und kann in 7 bis 8 Stunden
umgangen werden. Das Dorf nebst der Kirche, dem
Leuchtthurm, der Badeanstalt u. s. w. befindet sich auf
dem Westlande und zwar im Osten und Süden von
den etwa 400 Morgen großen, mit Deichen geschützten

Wiesen- und Weideländereien umgeben, auf welchen im Jahre 1811 eine Schanze von den Franzosen behuf der Continentalsperre angelegt wurde. Nach dem offenen Meere hin bilden lange Dünenreihen den Schutz der Insel. Die etwas tiefere, dem Wattenmeer näher gelegene Außenweide ist in stürmischen Jahreszeiten etwaigen Ueberschwemmungen aus südlicher Richtung ausgesetzt, doch werden dieselben, weil zwischen hier und dem Festlande das Wasser seicht ist, in der Regel wenig gefährlich. Diese großen Weidestrecken ermöglichen einen verhältnißmäßig bedeutenden Viehstand und besaß die Insel im December 1864: 58 Pferde, 278 Stück Rindvieh, 177 Schafe, 5 Ziegen und 6 Zuchtschweine.

An Brunnenwasser hat die Insel gewöhnlich keinen Mangel, doch bringt die Feuchtigkeit des Regens selten weiter als durch die obersten Bodenschichten, weßhalb dasselbe manche Bestandtheile, in kleinen Quantitäten aufgelöst, enthält, und demgemäß eine gelblichere Farbe als das Quellwasser auf dem Festlande besitzt, von welchem es sich auch durch den geringeren Gehalt an Kohlensäure unterscheidet.

In südwestlicher Richtung vom Dorfe liegen zwei kleine Seen, an deren Ufern sich Sumpfvögel, z. B. Reiher, Kiebitze und Regenpfeiffer aufzuhalten pflegen. Das überschüssige Wasser von der Außenweide fließt durch das kleine Flüßchen, die Hop genannt, ab. In der Nähe der Mündung desselben, am südöstlichen Strande, ist zugleich der offene Anlegeplatz, oder die Rhede für die Schiffe der Insulaner, mit welchen sie sich im Frühling und Herbst auf den Fang der Schellfische, Kabliaus ꝛc. begeben. Diese Fische werden hier in großen, durch Gewichte beschwerten Netzen gefangen, welche von dem segelnden Schiffe über den Boden des Meeres gegen den Strom gezogen werden. Von Zeit zu Zeit wird das mit Fischen gefüllte Netz an Bord geholt und der Inhalt in den Raum des Schiffes, in welchen immer etwas frisches Seewasser eintreten kann, ausgeschüttet. Diese

Fische werden dann entweder nach den Hafenstädten des Festlandes zum Verkauf gebracht, oder sie dienen, namentlich getrocknet, den Insulanern für einen großen Theil des Jahres zur Speise.

Auch der Austernfang, welcher in der letzten Zeit fast ganz eingegangen war, hat durch Anlage einer neuen Austernbank an den nordwestlich von der Insel gelegenen Riffen wieder begonnen. (In dem Artikel über Sylt findet sich die nähere Beschreibung über die dazu erforderlichen Geräthe und die Art des Fangens.)

Eine andere kleinere Muschel, welche ebenfalls zur Nahrung dient, ist die eßbare Mießmuschel, hier Schille genannt. Dieselbe findet sich namentlich auf den Bänken im Watt oftmals massenweise und wird von den Insulanern mit besonders dazu eingerichteten hölzernen Schaufeln gegraben, sodann, in großen Gefäßen von dem Sande gereinigt und abgespült, nach dem Festlande in ganzen Schiffsladungen zum Verkauf gebracht. Die in den Schalen lebenden Thiere werden gewöhnlich gekocht gegessen; doch muß dies mit einiger Vorsicht geschehen, indem zuweilen durch fremdartige oder verdorbene Bestandtheile, welche sich zwischen diesen Muscheln befinden, ernstliches Unwohlsein entstanden ist. Die Schalen finden außerdem, zu Muschelkalk gebrannt, Verwendung.

Am Strande werden vielfach die kleinen, im Leben fast durchsichtig erscheinenden Garneelen gefangen, welche gekocht eine röthliche Farbe erhalten und als Leckerbissen verzehrt werden.

Die Jagd auf die in den Dünen lebenden wilden Kaninchen, sowie auf die verschiedenen Arten von Seevögeln ist gestattet. Obwohl letztere den Nordseeinseln in mancherlei Weise zum Nutzen gereichen könnten, wofür z. B. die westlich von Borkum liegende holländische Insel Rottum den Beweis liefert (s. Seite 12), wird von dieser Jagdfreiheit oftmals der weiteste Gebrauch gemacht, so daß diese hübschen Bewohner der Luft hier immer seltener werden.

Die kleinen Gärten der Insulaner, welche die Umgebung der etwas von einander entfernt liegenden Häuser bilden, enthalten meistens Gemüseanpflanzungen und sind theils mit Wallfischknochen, welche noch aus früheren Zeiten stammen, wo die Borkumer auf den Wallfischfang zogen, theils mit Mauern von Rasenstücken eingefaßt. Bäume sieht man selten und erreichen dieselben der oftmals scharf wehenden Seeluft wegen nur die Höhe der sie schützenden Gebäude. Die Wege zwischen den Häusern bestehen größtentheils aus dem Sandboden der Insel, doch ist mitten durch das Dorf und in neuester Zeit auch in den frequentesten Seitengassen ein mit Ziegelsteinen gepflasterter Weg für Fußgänger angelegt, welcher in nordwestlicher Richtung über die Dünen führt. Vom äußersten, dem Meere zugekehrten Rande derselben gelangt man alsdann auf einigen mit Stufen nebst Geländer versehenen Brettern bis zum Strande hinunter. Die mittlere Entfernung von hier bis zum Dorfe beträgt ungefähr eine kleine Viertelstunde. Auf dem erwähnten Wege, dem sogenannten Badepfade, ist in den Dünen eine neue hohe eiserne Bake, als Zeichen für die Schiffer errichtet, nachdem das große hölzerne Gerüst, welches früher hier stand, durch einen Sturm zertrümmert wurde. Oestlich und westlich daneben sind noch zwei große schwarze Baken von Holz errichtet, während sich auf dem Ostlande ebenfalls zwei solcher Gerüste befinden.

Hat man nun das flache, sandige Ufer erreicht, so gelangt man in nordöstlicher Richtung zum Herrenstrande und in westlicher Richtung zum Damenstrande. Die Entfernung zwischen beiden beträgt ungefähr drei Viertelstunden, während der Fußpunkt der Dünen vom durchschnittlichen Stande des Hochwassers etwa zwei Minuten entfernt ist.

Im Jahre 1863 schrägten sich die Dünen allmälig zum Strande ab und waren meistens vollständig mit Sandhafer, hier Helm genannt, bewachsen. Die darauf folgenden Stürme haben jedoch theils den Strand, theils die Dünen derartig verändert, daß von ersterem viele Fuß breit Landes abgerissen und letztere in wilder, aufbäumender Form mehr landeinwärts getrieben sind. Bis zum Sommer des genannten Jahres waren auch die Badeeinrichtungen auf Borkum noch ziemlich primitiv. Am Damenstrande befanden sich etwa ein Dutzend kleiner Zelte, welche auf zwei Achsen mit Rollen standen und meistens aus dem Holzwerk alter Schiffe, mit grobem Segeltuch überzogen, errichtet waren. Bei Sturm kam es dann wohl vor, daß diese leichten Badezelte theils umgeworfen, theils zertrümmert am Strande lagen. Auch bei regnigtem Wetter war es keineswegs angenehm, sich in diesen nassen Leinenzelten aufzuhalten.

Jetzt ist nun wenigstens für die Damen eine Anzahl hölzerner Badekarren angeschafft, die sich mit der Zeit auch am Herrenstrande einbürgern werden, indem solche bereits in allen übrigen Nordseebädern im Gebrauche sind; jedoch kommt hierbei in Betracht, daß bisher theils die Anforderungen nicht gestellt wurden, anderntheils die vorhandenen Mittel sehr gering waren.

Am Herrenstrande hat sich bis jetzt noch die ursprüngliche Einrichtung erhalten, welche darin besteht, daß unterhalb der Dünen drei einfache Bretterhäuser aufgeschlagen werden, von denen die beiden größeren, mit einem Fenster in der Thür versehen, für Erwachsene bestimmt sind; während das kleinere, ohne Fenster, den Knaben zur Behausung dient. Rings an den Wänden laufen schmale Bänke her, die durch vertikale Bretter in einzelne Sitze eingetheilt sind, von denen jeder Badegast einen zugetheilt erhält. Von hieraus müssen sich dann die Badenden über den Strand bis zu den heranbrausenden Wellen begeben, die jedoch des flachen Ufers wegen, erst allmälig höher und stärker werden.

Die Preise dieser Bäder sind, dem entsprechend, sehr niedrig gestellt, indem man gegen Lösung einer Karte, welche auf den Namen des Inhabers lautet, bei der Badecommission (aus dem Arzte und einigen Einwohnern

Borkum. 11

der Insel bestehend) für 1 ℳ vier Wochen lang diese Einrichtung benutzen kann. (Ein einzelnes Bad kostet 2½ gr.) Doch steht es Jedem frei, sich eine Badekarre für wöchentlich 1 ℳ zum eigenen Gebrauche am Strande aufstellen zu lassen.

Für die Bedienung am Badeplatze der Damen ist durch eine Anzahl Insulanerinnen gesorgt, welche für die jedesmalige Begleitung beim Baden ca. 12 ₰ erhalten. Am Herrenstrande versehen zwei, in der vollen Zeit auch drei Badewärter den Dienst, welche für das Trocknen und Aufbewahren der Laken oder sonstige kleine Dienstleistungen auf Trinkgelder angewiesen sind. Auch kann man von diesen Wärtern gegen eine Vergütung ein Laken zur Benutzung erhalten.

Die Badezeit, welche durch Aufziehen einer Flagge auf einer dem Strande und dem Badepfade zunächst gelegenen Düne angezeigt wird, richtet sich nach der hohen Fluth, indem auf dem breiten und ganz allmälig ablaufenden Strande die vom Meere herandringenden Wellen bei Ebbezeit nur sehr niedrig und demgemäß zu wirkungslos sein würden. Die beste Zeit zum Baden ist etwa eine Stunde vor Hochwasser und pflegt sich daher um diese Zeit meist die ganze Gesellschaft bei den Tenten (oder Zelten), wie diese Bretterhäuser hier genannt werden, zu versammeln.

Das Wasser des hier offenen Meeres ist rein von den Einflüssen des Festlandes und der Wellenschlag so schön, wie man ihn an diesen Inseln nur finden kann.

Da fast sämmtliche nach Emden, Leer oder nach anderen am Dollart belegenen Orten fahrenden Seeschiffe Borkum vorbeipassiren und die vielen Sandbänke das Fahrwasser sehr schwierig machen, ist auf einem von der Stadt Emden im Jahre 1576 erbauten, 120 Fuß hohen Thurme, seit 1857 ein festes, weißes Leuchtfeuer nach Fresnel'schem System eingerichtet, welches meilenweit auf dem Meere sichtbar ist. Beim Vogt sind Einlaßkarten zum Besuch des Thurmes zu haben, und genießt man von der oberen Gallerie eine prachtvolle Aussicht über die Insel, das weite Meer und die ganze Umgegend. (Trinkgeld an den Leuchtthurmwärter beliebig.) Im Osten erstreckt sich die Insel Juist, im Süden das holländische Festland und im Westen die zu Holland gehörende Insel Rottum, welche nur von dem Vogt, seiner Familie und seinen Leuten bewohnt wird. Eine Fahrt von Borkum nach dieser Insel, welche 5 ℳ kostet, ist wegen der Eigenthümlichkeiten und der großen Schaaren von Seevögeln, die hier brüten und dem Vogt durch das Sammeln und Verkaufen der Eier jährlich eine Einnahme von ca. 1000 holl. Gulden einbringen, ferner zum Wachsthum des Sandhafers auf den Dünen beitragen, höchst interessant.

Schließlich sei hier der für die unglücklichen Schiffbrüchigen mit gutem Erfolge angelegten Anstalten und der nach Francis=System construirten Rettungsboote gedacht*). Jedes derselben ist aus wellenförmig gepreßten, mit galvanischem Zinküberzuge und Oelfarbenanstrich versehenen Eisenplatten und Rippen gebaut und wird dadurch sowohl dauerhafter, wie auch namentlich um ein Drittel leichter als ein hölzernes Boot von gleichen Dimensionen, welches besonders wegen des raschen Herbeischaffens in Zeiten der Gefahr von Bedeutung ist. (Das Gewicht eines der Borkumer Boote beträgt beiläufig 13 Centner, der Preis ca. 400 ℳ.) Um außerdem über die Brandungswellen kommen zu können, ferner dem Untersinken vorzubeugen und beim etwaigen Umschlagen wieder in die richtige Stellung zu gelangen, sind an beiden Enden des Bootes große eiserne, luftgefüllte Kasten angebracht**). Zur Vermehrung der Trag=

---

*) Aus der Macdonald'schen Fabrik zu Hamburg.
**) Es hat sich dem Jahresbericht der Vereins=Direction zufolge hierbei jedoch der Uebelstand eingestellt, daß das Vorder= und Hintertheil des Bootes sich zu sehr erhebt und dadurch weniger steuerfähig gemacht wird. Um dies zu vermeiden, ist der Vorschlag

fähigkeit und um ein Anprallen gegen andere Schiffe möglichst unschädlich zu machen, läuft rings am oberen Rande ein mit dickem Segeltuch überzogener Korkring. An den Seiten des Rettungsbootes befinden sich etwa ein Dutzend Ketten mit Holzkugeln, an welchen sich in den Fällen, wo das Boot keine Passagiere mehr auf=
zunehmen vermag, dieselben halten können. In einem Holzschuppen an den Dünen des west= lichen Strandes wird das Boot für das Westland Borkum aufbewahrt, um von hieraus rasch den Schiffbrüchigen Hülfe zu bringen. Dasselbe ist 30 Fuß lang und kann mit 12 Insulanern bemannt werden. Auch auf dem Ostland Borkum befindet sich ein solches Rettungsboot, und zwar in den Nordostdünen aufgestellt, welches 20 Fuß lang und für 5 bis 6 Mann zum Rudern eingerichtet ist.

Die auf sämmtlichen hannoverschen Inseln einge= richteten Rettungsanstalten sind durch den „Verein (in Emden) zur Rettung Schiffbrüchiger an der ostfriesischen Küste" gegründet und werden zum größten Theil durch freiwillige Beiträge erhalten.

Am 31. März 1863 wurde bei Borkum die Be= satzung der englischen Brigg Mora, Capitain Yeoman, aus 9 Personen bestehend, gerettet.

So einfach die bisherigen Einrichtungen in Borkum für den Aufenthalt der Fremden auch sind, gehen doch die Bestrebungen der Bewohner immer mehr darauf hinaus, den Badegästen das Leben dort angenehm zu machen*), und wird diese Insel, sowohl wegen des

---

in Anregung gebracht, die Luftkasten in halbcylindrischer Form auf der Innen= und Unterkannte des Dullbords hinzuführen, wodurch auch die Gefahr des Kenterns bedeutend vermindert werden würde.

*) Hierzu gehört z. B., daß für den Sommer des Jahres 1865 ein Pavillon auf der Königsdüne (links vom Badepfade) und ein Restaurationszelt in den Außendünen des Herren=Badestrandes gebaut werden soll. Auch haben bereits verschiedene Fuhrleute sich verpflichtet, bei Regenwetter bedeckte Wagen bei Abholung der Ankommenden zur Disposition zu stellen.

ländlichen und billigen Lebens, als auch der von der Natur ihr verliehenen, für eine Seebadeanstalt sehr günstigen Eigenthümlichkeiten, mit der Zeit immer mehr in Aufnahme kommen.

Juist.

Oestlich von Borkum liegt die Insel Juist *), welche jedoch mit dem Festlande keine regelmäßige Verbindung hat, indem bis jetzt der Fremdenverkehr hier noch sehr unbedeutend ist und daher keine eigentliche Badeanstalt auf dieser Insel existirt. Von Norderney oder Borkum aus werden zuweilen Fahrten mit kleinen Segelschaluppen nach Juist gemacht, und würde sich dieses von Westen nach Osten langgestreckte, schmale Düneneiland, welches ähnlich wie die Nachbarinseln eine gute Brandung und einen aus feinem, festen Sande bestehenden Strand besitzt, nöthigenfalls bei Ueberfüllung der anderen Inseln auch für ein Seebad (Badezeit bei Hochwasser) eignen.

Einzelne von Ostfriesland herüberkommende Badegäste, welche ihre Lebensmittel mit Ausnahme der Kartoffeln, die hier vortrefflich gedeihen, größtentheils mitzubringen pflegen, finden in einem kleinen Gasthause und in einigen Privathäusern Unterkommen. Ein oder zwei Badekarren, welche in Norderney ausrangirt sind, dienen in Juist zum Gebrauch der Badenden. (Aehnlich wie in Wenningstedt auf der Insel Sylt, wo ebenfalls ein paar Badekarren am Strande für den Bedarf ausreichen.)

---

*) Die Insel gehört zum Amte Berum, Landdrosteibezirk Aurich (Vogt Heinemann zu Juist), und steht unter dem Consistorium zu Aurich (Pastor Bracklo zu Juist).

Die zur Rettung Schiffbrüchiger hier angelegte Station hat bereits günstige Erfolge erzielt, indem z. B. am 22. December 1863 das Hamburger Schiff „Sir Robert Peel" mit einer Mannschaft von 15 Personen gerettet wurde. Das Boot, welches in einem hölzernen Schuppen beim Dorfe in der Nähe der Kirche aufbewahrt wird, ist nach Francis-System gebaut, 20 Fuß lang und kann mit 6 oder 8 Mann zum Rudern besetzt werden. Da jedoch die Heftigkeit der Brandung bei Juist und die in der Nähe des Strandes vielfach wechselnde Tiefe des Wassers (von ½ bis 20 Fuß) dem Flottwerden des Rettungsbootes oft große Schwierigkeiten in den Weg legen, so ist hier ein von der Firma Jos. Virt in London bezogener Mörserapparat für die Insel angeschafft. (Preis 650 ₰.)

Dieser Apparat besteht nach dem Bericht der Direction des Vereins aus einem metallenen Mörserrohre (1 Fuß 5 Zoll lang, 5 Zoll 5 Linien im Durchmesser), welches in einer hölzernen Unterlage, dem sogenannten Mörserstuhle ruht. Das Gewicht des Rohrs beträgt 140 Pfund Zollgewicht. Das dazu gehörige Projectil ist an der der Kammer zugekehrten Seite halbkugelförmig abgerundet; an der entgegengesetzten Seite flach und mit einem Oehr versehen. In dem letzteren ist ein von starker Haut geflochtenes Häng, welches in einem zur Aufnahme der Wurfleine bestimmten Ring ausläuft, befestigt. Um das Oehr herum befinden sich im Projectile vier zur Aufnahme von Leuchtkörpern bestimmte Oeffnungen; solche werden bei Nachtzeit benutzt, um den Besatzungen gestrandeter Schiffe die Richtung des Projectils anzudeuten. Das Gewicht des letzteren beträgt incl. des Oehrs und ledernen Hängs 27,3 Pfund Zollgewicht. Vor dem Laden wird der Mörser gut gereinigt und die vorher abgewogene Ladung auf dem Boden der Kammer gleichmäßig vertheilt; auch das Projectil wird von Sand und Feuchtigkeit gesäubert; die Wurfleine, welche man vorher leewärts (d. i. die Richtung, nach welcher der Wind weht) vom Mörser in zur Flugbahn parallelen Schlägen aufgeschossen hat, daran befestigt, und dasselbe vorsichtig auf die Pulverladung gebracht. Das Abfeuern erfolgt mittelst Schlagröhren, welche seitwärts abgezogen werden. Mit der größten Aufmerksamkeit muß die Seitenabweichung in Folge des schwächeren oder stärkeren Windes beobachtet werden, weil der Erfolg des Wurfes davon abhängt. Angestellte Versuche haben als Resultate ergeben: Ladung 1 Pfund Pulver, Wurfweite 310 Schritt, Seitenabweichung 15 Fuß; ferner Ladung 1½ Pfund Pulver, Wurfweite 321 Schritt, Seitenabweichung 8 Fuß; sodann Ladung 2 Pfund Pulver, Wurfweite 380 Schritt, 10 Fuß Abweichung und zwar bei einer lebhaften Brise, welche in einem Winkel von 15 bis 18 Grad die Flugbahn traf.

Das fernere Verfahren beschreibt ein Seeoffizier in dem Buche „Unsere Zeit" folgendermaßen: An der Kugel ist eine lange und dünne, aber starke Leine befestigt, die, mit dem Geschoß über das Schiff fortgeschleudert, auf ihm ergriffen wird. Die schiffbrüchige Mannschaft holt vermittelst derselben die doppelte Bucht eines dickeren Taues vom Land an Bord. Dies Tau ist durch einen Block (Kloben) geschoren, der an einem haltbaren Punkt auf dem Schiffe befestigt wird, während sich die beiden Enden des Taues am Lande befinden. Sobald der Block festsitzt, was bei Tage durch das allgemein geltende Signal eines wehenden Tuches, bei Nacht durch eine Laterne angedeutet wird, holt die Rettungsmannschaft am Lande das eine Ende des Taues ein, wodurch das andere, an dem ein schweres Kabeltau und ein Rettungskorb festgemacht sind, an Bord gelangt. Dies Kabeltau wird nun von der schiffbrüchigen Mannschaft um den Fuß eines Mastes geschlungen und nach abermaligem Signal durch Flaschenzüge u. s. w. am Lande so straff wie möglich gezogen. Dadurch ist eine Art Brücke hergestellt; die Rettung der einzelnen Personen wird dann mit dem Korbe bewerkstelligt, welcher so construirt ist, daß die darin Sitzenden selbst minutenlang durch das Wasser geschleppt werden können, ohne zu ersticken. Er gleitet, unter dem Kabeltau hängend, an diesem mit Leichtigkeit hin und her und wird mit Hülfe des erwähnten dünnen Taues zuerst an Land und dann leer wieder zum Schiff gezogen, um abermals mit einem oder zwei Geretteten seinen Weg zum Festlande zu nehmen. —

Nach der Zählung vom 3. December 1864 hat die Insel 167 Einwohner und 50 Häuser. Der Flächeninhalt beträgt nach den Papen'schen Messungen 0,107 geogr. Quadrat-Meile, oder den Strand mitgerechnet 0,228 geogr. Quadrat-Meile. Im Westen wird Juist durch die Oster-Ems von Borkum, im Süden durch das Watt vom ostfriesischen Festlande und im Osten durch das Buhserdeep von der Insel Norderney getrennt, während sich nach Norden die offene See ausdehnt. An der Westseite Juists, in der Oster-Ems, liegen auch die Seehundsplatten, welche von Norderney aus behuf der Seehundsjagden besucht zu werden pflegen.

Bis zum 13. Jahrhundert waren die heutige Insel Juist und die westlich gelegene Insel Borkum vereinigt. Die in dem genannten Jahrhundert eintretenden Sturmfluthen drangen jedoch in dieses große Land ein und zerstörten bedeutende Strecken desselben, von denen sich zwei nur noch in der Bezeichnung der an diesen Stellen jetzt gelegenen Seegate Buhserdeep und Bants-Balje dem Namen nach erhalten haben.

Norderney.

Vor allen anderen Inseln der deutschen Nordsee hat Norderney sich schon seit langer Zeit einen so bedeutenden und wohlverdienten Ruf erworben, wie ihn keine andere Seebadeanstalt von der holländischen bis zur jütischen Küste in gleichem Maße besitzt. Denn selbst die malerische Felseninsel Helgoland mit ihren comfortablen Einrichtungen kann sich hinsichtlich der größeren Bequemlichkeiten beim Gebrauch des Seebades der Insel Norderney nicht gleichstellen, indem der einförmige, beschränkte Aufenthalt auf der kleinen, rothen Klippe und die zwar stärkenden, aber auch häufig sehr unerquicklichen Ueberfahrten nach der Helgolander Düne für letzteres Seebad weniger günstig sind. Norderney hat außerdem noch den Vorzug, auf die mannigfachste Weise erreicht werden zu können, indem aus drei verschiedenen Richtungen Dampf- und Segelschiffe und sogar Posten und Wagen die Passagiere nach dieser freundlichen, kleinen Oase in der weiten Wüste des Meeres führen, welche mit den in jeder Beziehung vortrefflichen Einrichtungen den aus der Ferne herbeigeeilten Gästen einen in ihrer Art höchst angenehmen Aufenthalt gewährt.

Die Reisenden, welche mit der hannoverschen Westbahn nach Leer oder Emden fahren, können sowohl von ersterer Stadt in ca. 6¼ Stunden, wie auch von letzterer in etwa 5 Stunden per Dampfschiff nach Norderney gelangen.

Aehnlich wie bei der Fahrt nach Borkum (s. Seite 3) passiren die Dampfboote den Dollart, wenden sich alsdann nördlich im tieferen Fahrwasser der Oster-Ems und Bants-Balje nach dem Buyserdeep, links die

Insel Juist, rechts die ostfriesische Küste mit ihren See=
deichen lassend, und gehen endlich Angesichts der Insel
Norderney vor Anker, wo schon Schaluppen und Wagen
am Strande die Passagiere erwarten. Die Preise sind auf beiden Schiffen gleich und
betragen für den ersten Platz $1\frac{2}{3}$ ℳ, für den zweiten
Platz 1 ℳ. Die Rückfahrt erfolgt am Tage nach der
Ankunft. Die Fahrpläne werden jährlich besonders be=
kannt gemacht; außerdem finden sich dieselben in dem
auf Seite 3 genannten Post= und Eisenbahn=Coursbuche.
Für die Ueberfahrt mit der Segelschaluppe bis zum
Strande hat man à Person $2\frac{1}{2}$ gr zu zahlen; sodann für
den Wagen bis zum Conversationshause ebenfalls $2\frac{1}{2}$ gr;
ferner für das Gepäck vom Dampfschiff bis zum Ablade=
platz bis 50 Pfund 5 gr, bis 100 Pfund 10 gr. Die
Gepäckträger oder Ordonnanzen, welche die Sachen vom
Lagerhause (in der Marienstraße) nach dem Logis schaffen,
erhalten je nach der Größe und Schwere der Gegen=
stände $2\frac{1}{2}$ bis 5 gr.

Wem es jedoch daran liegt, die Seefahrt möglichst
abzukürzen, oder an einem Tage nach Norderney hinüber
zu gelangen, an welchem die Dampfschiffe nicht fahren,
dem bieten sich von der ostfriesischen Stadt Norden[*]
aus, welche mit Emden in täglich dreimaliger Postver=
bindung steht, noch einige andere Verkehrsmittel dar,
um diesen Zweck zu erreichen.

Die eine Gelegenheit besteht darin, von der eben
genannten Stadt mittelst Omnibus nach dem kleinen
Küstenorte Norddeich zu fahren (à Person 10 gr und
6 gr), und alsdann bei eingetretener Fluth mit dem
Norderneyer Fährschiffe, falls der Wind günstig ist, in
etwa 1 bis $1\frac{1}{2}$ Stunden nach der Insel hinüberzusegeln
(à Person 10 gr). Von Norderney geht dasselbe etwa

---
[*] Die im Landdrosteibezirke Aurich gelegene Stadt Norden,
nicht weit vom Meere entfernt, zählte am 3. December 1864 in
849 Wohnhäusern 6119 Einwohner und besaß im Jahre 1864:
9 Seeschiffe von 370 Lasten. (Hôtel: Weinhaus.)

3 Stunden früher ab, ehe es vom Fährhause zu Nord=
deich*) seine Fahrt dahin wieder zurückmacht**).

Die andere Tour, welche in früheren Zeiten, ehe
die Eisenbahnen nach diesen Gegenden führten, vielfach
benutzt wurde, ist namentlich für die zur Seekrankheit
Inclinirenden oder die aus dem Ostfriesischen und Olden=
burgschen Kommenden, welche weder eine passende Dampf=
schiff= noch Fährschiff=Gelegenheit benutzen können, geeignet,
indem man von Norden aus entweder mit der Post oder
mit einem Wagen in etwa $1\frac{1}{4}$ Stunde nach dem nord=
östlich gelegenen Hilgenriedersiel fährt und von dort
täglich während der tiefsten Ebbe das alsdann ziemlich
trockene Seewatt zwischen den Deichen des Festlandes
und der Insel passirt. Diese Fahrt erfordert jedoch einige
Vorsicht, indem man namentlich die richtige Zeit inne
halten und, falls es nothwendig erscheint, den Wagen
von dem Strandvogte in Hilgenriedersiel begleiten lassen,
oder Vorspann nehmen muß. Von dem hohen Deiche
führt alsdann ein ziemlich fester Weg, welcher jedoch
weiter im Watt aufhört und nur durch die in den Sand
eingegrabenen Birkenstämme bezeichnet wird, zu dem mit
niedrigem Wasser bedeckten Boden des graugrünen Meeres.
Große Seemöven mit ihren langen Flügeln und silber=
weißem Gefieder halten sich oft schaarenweis, jedoch
meistens in ziemlicher Entfernung vom Wagen auf, und
mischen ihr seltsames Geschrei mit dem Wettern und
Brausen des scharfen Seewindes, welcher über die weite
Wasserfläche mit ungehemmter Gewalt zu wehen pflegt.
Die tiefste Stelle, welche man zu durchfahren hat, ist

---

*) Auch hier wird vom Emdener Rettungsverein für Schiff=
brüchige im Laufe des Jahres 1865 ein 23 Fuß langes Francis=
Rettungsboot angeschafft werden, um den Schiffern kleinerer Fahrzeuge
im Watt zu Hülfe zu kommen.

**) Die Anlage einer größeren Dampffähre, welche die
Verbindung zwischen der Insel und dem Festlande vermittelte und
zugleich als Post=Dampfschiff benutzt werden könnte, würde für den
Verkehr aller Wahrscheinlichkeit nach sehr vortheilhaft sein.

ungefähr eine halbe Stunde breit und werden hierbei höchstens die Achsen der Räder von der Oberfläche des Wassers berührt. Ist diese Strecke, über welche während des Hochwassers das Bremer Dampfboot seinen Cours nimmt, zurückgelegt, so rollt bald der Wagen über den eigentlichen Strand der Insel. Von hieraus setzt sich die Fahrt noch einige Zeit in westlicher Richtung an der südlichen Dünenkette Norderney's fort, bis etwa in 3 Stunden, nachdem man das Festland verlassen, der Ort selbst erreicht ist. (Für die Fahrt mit der Post von Norden bis Norderney hat man 1 ℳ Personengeld zu entrichten, dabei sind 30 Pfund Gepäck frei. Ein besonderer Wagen mit 2 Postpferden kostet für diese Tour 6 ℳ.)

Es bleibt nun noch die dritte Art der Communication zwischen Norderney und dem Festlande zu schildern übrig, welche von dem größten Theile der aus östlicher Richtung nach Norderney Reisenden benutzt zu werden pflegt und namentlich bei schönem Wetter in dem freien und längeren Aufenthalte auf dem Verdeck und in dem Genuß der reinen, herrlichen Seeluft ihre besonderen Vorzüge besitzt. Die Haupt-Abgangsorte für das Dampfschiff, mit welchem man diese Reise zu machen pflegt, sind Bremen und Geestemünde.

So ziemlich am nördlichsten Ende Bremens*), am rechten Ufer der Weser, ist der Anlegeplatz für die Dampf-

---

*) Gasthöfe: Hillmann's Hôtel, Hôtel de l'Europe in der Nähe des Bahnhofs, Alberti's Hôtel, Stadt Frankfurt und Lindenhof am Domshof, Hannoversches Haus neben der hannoverschen Post u. a. m.

Am 5. Novbr. 1864 wurde die neue Börse in Bremen eingeweiht, ein prachtvolles, im gothischen Style von dem Architekten Heinrich Müller ausgeführtes Bauwerk. Das Gebäude besteht aus zwei, sowohl der Räumlichkeit, wie dem Zwecke nach verschiedenen Abtheilungen, welche durch eine 40 Fuß breite, nur für Fußgänger bestimmte Passage von einander getrennt sind. Beide Abtheilungen werden an den Endpunkten durch gewölbte Bogengänge verbunden. Der Hauptbau, welcher für die eigentliche Börse bestimmt ist, enthält eine reiche Architektur, mit großen Portalen und Statuen. Das Portal am Grasmarkt ist mit vier Relieffiguren geschmückt, welche

schiffe der Unterweser und für das Dampfboot, welches während der Monate Juli, August und September ungefähr alle drei Tage nach Norderney geht. Diese Fahrt ist von Ebbe und Fluth abhängig, indem es darauf ankommt, die Watten und Sandbänke bei Hochwasser passiren zu können. Die Fahrpläne finden sich u. A. in dem auf Seite 3 erwähnten Post- und Eisenbahn-Coursbuche.

---

an den beiden äußeren Seiten den Frieden und den Fleiß, in der Mitte die Weser und den Ocean darstellen. An den Seiten des Portals stehen unter Baldachinen zwei Statuen, und zwar correspondirend mit dem Ocean eine weibliche Figur, den Seeverkehr, auf der anderen Seite, correspondirend mit der Weser, eine ähnliche, den Landverkehr darstellend. Ueber den drei Portalen im Mittelbau sind sechs Figuren unter Baldachinen aufgestellt, von denen die mittleren, Landmann und Bergmann: die Rohproduction; die zu beiden Seiten folgenden, Schiffer und Südseefischer: den Seehandel, und die äußersten Figuren, der Maschinenbauer: die Industrie und die Verarbeitung der Rohproduction; ferner der Künstler: die Verebelung des Gewinns oder des Lebens andeuten. Sämmtliche Sculpturen sind von dem Bremer Bildhauer Kropp ausgeführt.

Nicht weit davon entfernt steht auf dem Platze vor dem Rathhause, in dessen Keller sich die durch Wilhelm Hauff's „Phantasien im Bremer Rathskeller" bekannten zwölf Apostel und die Rose (Fässer mit sehr alten Rheinweinen) befinden, der steinerne Roland, das Palladium der städtischen Freiheit.

Unter dem im 12. Jahrhundert erbauten Dome liegt der durch einige ziemlich gut erhaltene Leichen berühmte Bleikeller.

Bemerkenswerth sind noch das Museum mit naturwissenschaftlichen und ethnographischen Sammlungen, ferner das im gothischen Styl neuerbaute Lokal des Künstler-Vereins.

An Standbildern besitzt Bremen das des Arztes und Astronomen Olbers, aus carrarischen Marmor von Steinhäuser ausgeführt; und die Statue Gustav Adolph's, welche auf der Reise nach Schweden Schiffbruch litt und von Bremer Kaufleuten acquirirt wurde.

Rings um die eigentliche Stadt, wo früher die Festungswerke Bremens sich erhoben, sind schöne Anlagen und neuerbaute elegante Stadttheile entstanden, an deren östlicher Seite sich das Theater der Stadt befindet.

Im Jahre 1863 besaß Bremen 302 Seeschiffe von 103,162 Lasten, darunter mehrere Südsee-Wallfischfänger.

Benutzt man nun die Gelegenheit, mit dem Dampfschiffe die Weser hinabzufahren, so zeigt sich am rechten Ufer das Städtchen Vegesack, später am linken Elsfleth (wo sich am 7. August 1809 der Herzog Friedrich Wilhelm von Braunschweig-Oels einschiffte, um nach Helgoland und von da nach England zu gelangen); ferner der oldenburgsche Hafenort Brake, endlich Geestemünde und Bremerhaven. Die ganze Fahrt von Bremen nach Norderney dauert etwa 12 bis 13 Stunden und beträgt das Fahrgeld incl. Mittagsessen à Person 5 ℳ Gold.

Außerdem kann man von Bremen nach Geestemünde mit der Eisenbahn in $1\frac{1}{2}$ oder $1\frac{3}{4}$ Stunden gelangen. (Erste Klasse $1\frac{2}{3}$ ℳ. Zweite Klasse 1 ℳ 8 gr. Dritte Klasse 25 gr.) Das von Bremen kommende Dampfschiff, an welches man sich von Geestemünde mittelst eines Bootes heranrudern lassen muß, fährt bis Norderney ungefähr 6 Stunden. (Erster Platz 4 ℳ. Zweiter Platz 2 ℳ 15 gr.)

Auf dieser Tour über den für Hannover wichtigen Hafenort Geestemünde hat man Gelegenheit die großartigen Haseneinrichtungen, an welche sich unmittelbar die Eisenbahn anschließt, zu besichtigen*).

---

*) Das Hauptbassin des am 21. Juli 1863 eröffneten Geestemünder Hafens hat eine Länge von 1734 Fuß, eine Breite von 400 Fuß und eine Wassertiefe von etwa 26 Fuß. Die massive Schleuse ist als Kammerschleuse (mit eisernen Fluth- und Ebbe-Thoren) construirt, so daß das Ein- und Auslaufen der Schiffe jederzeit stattfinden kann. Die Länge derselben beträgt 250 Fuß, darnach können Schiffe bis zu 230 Fuß Länge die Schleuse als Kammerschleuse benutzen, während Schiffe von größerer Länge durch die ganz offen zu stellenden Thore aus- und einpassiren. Das Hafengebiet, der Bahnhof und der Ort Geestemünde sind zum Freihafen erklärt. (Hôtel: König von Hannover.)

Geestemünde zählte im Jahre 1864 in 178 Häusern 3025 Einwohner und besaß 36 Seeschiffe von 10,116 Lasten. (11 Fregatten, 8 Barks, 4 Briggs, 1 Schoonerbark, 3 Schoonerbriggs, 2 Schooner, 2 Schoonergalioten, 2 Schoonerever, 2 Ever und 1 Kuff.)

Unmittelbar am anderen Ufer der Geeste liegt Bremerhaven, welches, wie der Name schon andeutet, der eigentliche Seehafen der großen Handelsstadt Bremen ist, jedoch unter hannoverscher Oberhoheit und Schutze steht*).
In der Nähe der Geeste=Kajung ist ein mit dem Vereinswappen der Bremerhaven=Geestemünder Rettungs=Station für Schiffbrüchige versehener Schuppen erbaut, in welchem sich ein hölzernes (Peak'sches) Rettungsboot**) nebst Ausrüstung befindet.

---

*) Das am südlichen Ende von Bremerhaven angelegte Fort Wilhelm kann ungefähr 200 Mann Besatzung aufnehmen und mit 14 Geschützen armirt werden. Ferner hat die Königlich Hannoversche Regierung im Jahre 1864 nördlich vom Hafen ein zweites Fort zum Schutze der Wesermündung am sogenannten Leher Außendeiche errichten lassen. Bei der Schleuse am Vorhafen ist ebenfalls eine Batterie angelegt.

In den neuen und alten Docks, welche durch eine Zweigbahn mit der Geestemünder Eisenbahn in Verbindung stehen, liegen fortwährend große Seeschiffe, deren Besichtigung für den Binnenländer nicht ohne Interesse ist.

Neben dem Hafen erhebt sich ein großes Gebäude, das Auswandererhaus, für 2500 Personen eingerichtet; ferner der Leuchtthurm (mit 138 Stufen), von welchem man ein hübsches Panorama über die Gegend, den immer breiter werdenden Strom und das bunte Gewühl in den beiden Hafenstädten genießt. (Gasthöfe: Steinhoff's, Twietmeyer's und Lloyd's Hôtel.)

) Die Peak'schen Boote unterscheiden sich von den bereits **pag. 12 beschriebenen Francis=Booten dadurch, daß sie fast ganz aus Holz gebaut sind und namentlich nicht so gut eine schwere Brandung ohne einigen Schaden zu überwinden vermögen, als eiserne Boote, indem sie keine so große Widerstandsfähigkeit und Elastizität besitzen. Ferner ist für erstere eine größere Anzahl von Ruderern resp. ein Schleppdampfer erforderlich. Außerdem sind Gewicht und Preis der Peak'schen Boote ungefähr doppelt so groß als die der Francis=Boote.

Ist vom Leuchtthurm in Bremerhaven telegraphirt, daß sich ein Schiff in Gefahr befindet, so wird die Mannschaft des Rettungsbootes bei Tage durch eine rothe Flagge auf der Flaggenstange des alten Hafens herbeigerufen, und das Boot, falls das Hülfe suchende Schiff weiter draußen ist, mittelst eines Schleppdampfers, welcher zu diesem Zwecke bei stürmischer Witterung fortwährend geheizt unterhalten wird, an den Ort der Gefahr geschleppt.

Von Geestemünde setzt der Dampfer seine Fahrt in nördlicher Richtung fort, indem die Sandbänke „Hohe Weg" und „Mellum" zuerst einen direct westlichen Cours verhindern. Nachdem jedoch das eine Bremer Leuchtschiff, welches fortwährend dort vor Anker liegt, und bei Nacht=zeit Feuersignale am Maste trägt, bereits passirt ist und bald das andere sichtbar wird, wendet das Dampfboot seinen Kiel gen Westen und fährt über den nördlichen Theil der Jahde; hier fangen die Wogen schon an, namentlich bei lebhaftem Winde, höher zu gehen und sich grünlicher zu färben, während das Wasser am Ausfluß der Weser einen etwas mehr in's Bräunliche gehenden Ton zeigt. So geht die Fahrt weiter, bis die olden=burgsche Insel Wangeroog erscheint und der Dampfer in dem Fahrwasser der „Blauen Balje" in das eigent=liche Watt einläuft. Zur Linken des Schiffes zeigen sich hinter den hohen Deichen die Häuser und Thürme des hannoverschen Festlandes (Carolinensiel, Neuhar=lingersiel, der Kirchthurm von Esens u. s. w.). Zur Rechten kommen nach und nach die Inseln Spiekeroog, wo das Dampfschiff anlegt, ferner Langeoog, Baltrum und endlich Norderney in Sicht.

Der erste Anblick dieses Eilandes aus östlicher Richtung zeigt ein langes, niedriges Dünengebirge, welches mit seinen wunderbaren Formen Anfangs einen öden und fast wilden Eindruck macht, der jedoch immer mehr schwindet, je näher das Dampfschiff der Insel kommt, indem alsdann die durch ihre Größe und geschmackvolle Bauart sich auszeichnenden Gebäude sichtbar werden, welche, mit farbigen Flaggen geschmückt und von grünem Buschwerk umgeben, dem Ganzen einen idyllischen und anmuthigen Charakter verleihen. Die stattlichen Häuser (große Logirhaus, Conversationshaus u. s. w.) zeigen dem Fremden, daß Norderney kein einfaches Insulanerdorf mehr ist, in welchem man etwa nur zur Noth ein Unter=kommen findet, sondern daß hier die Cultur bereits seit länger als einem halben Jahrhundert veredelnd eingewirkt und die sandige Oede zu einem der elegantesten und besuchtesten Badeorte umgeschaffen hat*).

Nachdem nun das Dampfschiff vor Anker gegangen ist, müssen die Passagiere, wie bereits Seite 19 erwähnt wurde, vom Bord des Dampfers sich auf die Schaluppe und von dieser auf den Wagen begeben, welcher im raschen Trabe über den flachen Strand bald die hinter dem kleinen Deiche liegenden Häuser des Ortes erreicht. Links präsentirt sich das große, zweistöckige Logirhaus, woselbst Ihre Majestäten der König und die Königin von Hannover, nebst Ihren Königlichen Hoheiten dem Kronprinzen und den Prinzessinnen während des Sommers sich zeitweise aufzuhalten pflegen. Rechts erstreckt sich eine neu gebaute Straße, in welcher sich das Lagerhaus für das von den Dampfschiffen gelandete Passagiergut befindet. In der Mitte wölbt sich ein dichtes Buschwerk zu einem Laubengange, durch welchen der Wagen von den fröhlichen Klängen der Musik und von harrenden Kurgästen und Insulanern empfangen, nach dem Conversationshause fährt. Verschwunden sind nun die Gefahren des Meeres, man befindet sich wieder auf festem Boden und sieht sich hier wie in einen schönen Garten des Festlandes versetzt, wo die Luft mit dem Aroma wohl=riechender Blumen erfüllt ist.

Vor dem Conversationshause pflegen die Königlichen Beamten der Seebadeanstalt die Fremden zu erwarten und falls dieselben auf besonderes Ersuchen eine Wohnung für die Kurgäste reservirt haben, ihnen das Logis an=weisen zu lassen. Während der Saison vom 15. Juni bis 15. October fungirt als Königlicher Bade=Commissair: Cammerherr von Bock (außerdem zu Hannover) — als Badearzt: Sanitätsrath Dr. Rieffohl (sonst zu Hildes=heim) — als Bade=Inspector: J. H. Schulze, und als

---

*) Die Fremdenfrequenz beträgt in Norderney jährlich etwa 3000 Personen.

Bademeister: Chirurg J. Meyer, letztere beiden mit festem Wohnsitze zu Norderney. Der Sanitätsrath Dr. Wiedasch ist während des ganzen Jahres als Arzt auf der Insel wohnhaft.

Norderney gehört zum Amte Berum und ist daselbst der Vogt Schmidt, welcher ebenfalls die Reservirung einer Wohnung übernimmt, angestellt. Die Insel hat einen Flächeninhalt von etwa $\frac{1}{5}$ Quadrat-Meile; ihre Länge mißt $1\frac{1}{4}$ Stunde, ihre größte Breite $\frac{1}{4}$ Stunde und das Umgehen derselben am äußersten Rande der Dünen erfordert ca. $3\frac{1}{2}$ bis 4 Stunden. Im Westen trennt das Seegat Butjerdeep die Insel von dem Nachbareiland Juist; im Osten das Wichterdeep von der Insel Baltrum; im Süden erstreckt sich das Watt in der Breite von $1\frac{1}{2}$ bis 2 Stunden zwischen Norderney und dem ostfriesischen Festlande, während von Westen, Norden und auch aus östlicher Richtung die eigentlichen Brandungswogen in langen Zügen an den Strand der Insel heranrollen.

Der Ort zählt 1333 Einwohner in 278 Gebäuden nebst einer kleinen Kirche, in welcher ein evangelischer Prediger (Pastor Reins) den Gottesdienst hält; dieselbe ist mit einigen Gedenktafeln und Modellen von großen Seeschiffen geschmückt. Die Wohnhäuser sind meistens sehr nieblich und verhältnißmäßig comfortabel eingerichtet. In den davorliegenden kleinen blumengefüllten Gärten befinden sich gewöhnlich unter Marquisen, die gegen Wind und Sonne schützen, einige Bänke und außerdem ein Flaggenstock, an welchem die Fahne des Landes auf= gezogen zu werden pflegt, dem der fremde Badegast an= gehört. (Dazu kommt noch, daß die Zimmer größten= theils mit einem Sopha nebst den nöthigen Meubeln, und die Betten meistens mit Springfedermatratzen ver= sehen sind.) Die Preise für die Wohnungen haben feste Taxen und erhält man ein einzelnes Zimmer zu 2, 3 bis 4 ℳ pro Woche; Stube und Kammer von 5 ℳ an, je nach der Größe u. s. w. im Preise steigend. In den meisten Logis bekommt man des Morgens Frühstück und auch wohl des Abends Thee oder dergl. gegen mäßige Vergütung. Für Colonialwaaren ist in mehreren Kaufläden gesorgt; gutes und feines Weißbrod, sowie das wohlschmeckende ostfriesische Schwarzbrod, ferner vortreffliche Milch, Butter u. s. w. sind täglich frisch und hinreichend vorhanden.

Den Mittelpunkt des geselligen Lebens in Norderney, bei welchem die Haute-volée hauptsächlich vertreten ist, bildet das im geschmackvollen Style erbaute Conversationshaus mit seinen großen Räumen. Dasselbe besteht aus zwei parallel laufenden, 130 Fuß langen, durch einen Mittelbau verbundenen Flügeln, zu welchen breite, mit hohen gußeisernen Candelabern verzierte Treppen führen. Es enthält zugleich die Wohnungen des Königlichen Bade-Commissairs, des Bade-Inspectors und das telegraphische Büreau. In den großen Speisesälen findet zwei Mal täglich Table d'hôte Statt. Die erste derselben ist ursprünglich für Kinder eingerichtet und beginnt um 1 Uhr, doch pflegen auch Erwachsene, die früh und einfach speisen wollen, daran Theil zu nehmen (à Person 15 gr, für Kinder $7\frac{1}{2}$ gr). Gewöhnlich enthält dieselbe nur drei, höchstens vier Gänge, welche gut zubereitet, auch für einen stärkeren Appetit, der sich im Seebade häufig einzustellen pflegt, vollständig ausreichend sind. Die andere Tafel um 3 Uhr Nachmittags zeichnet sich hauptsächlich durch Mannigfaltigkeit der Speisen aus, und wird auch denen genügen, welche an ein besonders gutes und feines Diner gewöhnt sind (à Person 20 gr. Außerdem hat jeder Herr $2\frac{1}{2}$ gr für die Tafelmusik zu entrichten. Trinkgeld an beiden Tafeln wöchentlich 10 gr). Beiläufig bemerkt, sind die Weine in der Regel vortrefflich und sehr preiswürdig. Nach drei verschiedenen Kostensätzen können sich die Kurgäste auch das Essen in's Haus holen lassen. Abends werden die Säle zu größeren Concerten, Bällen, eleganten Soiréen u. s. w. benutzt. Andere ebenfalls geschmackvoll eingerichtete Zimmer

dienen denen zum Aufenthalt, die hier frühstücken, Billard
spielen, oder der Unterhaltung obliegen wollen. (Abends
8 Uhr wird à la carte gespeist.)

In Betreff des Trinkwassers existirt die Einrichtung,
daß im Conversationshause das Regenwasser durch einen
besonderen Filtrir-Apparat (im Gegensatze zu dem übrigen
Brunnenwasser, welches durch die Beimischung der oberen
Bodenbestandtheile gelblich erscheint) rein und farblos
dargestellt wird, jedoch ohne die erfrischende Kohlensäure
des Quellwassers zu besitzen. Wer besonders letztere zu
haben wünscht, findet Ersatz in den künstlichen kohlen=
sauren Wässern aus der Strube'schen Anstalt zu Hannover,
welche nebst den Mineral=Brunnen im Conversations=
hause vorräthig gehalten werden.

Einen guten aber einfacheren Mittagstisch als an
der erwähnten 3=Uhr=Table d'hôte findet man in den
Gasthöfen von Schmidt und Brethorst (à Person
15 gr, im Abonnement $12\frac{1}{2}$ gr). Diese sowohl, wie der vor
den nördlichen Anlagen des neuen Conversationshauses
neu erbaute Bazar enthalten eine Anzahl Zimmer, welche
meistens zur provisorischen Aufnahme der Badegäste
dienen.

In den unteren Räumen des Bazar befinden sich
die Leihbibliothek des Königlichen Bade=Commissariats;
außerdem die Buchhandlung von Schmorl & von
Seefeld (aus Hannover); ferner das Kleider=Magazin
von W. Kranich, in welchem man z. B. Regenröcke und
die beliebten farbigen Friesjacken erhalten kann.

Sodann sei hier noch der Conchylien=Handlung der
Gebr. Visser gedacht, die sehr schöne Exemplare von
Gehäusen ausländischer Mollusken, und verschiedenartige,
geschmackvoll ausgeführte Muschelarbeiten enthält.

Unmittelbar neben dem Conversationshause liegt in
westlicher Richtung das Badehaus mit 10 Badezimmern,
in welchen Regen=, Sturz= und Douche=, auch Mineral=
und See=Bäder verabreicht werden. Zu letzteren wird das

Meerwasser seit 1836 mittelst Röhrenleitung durch eine Pumpe vom südwestlichen Strande herbeigeschafft. Beiläufig bemerkt, bestehen die Fußwege in den Gassen sämmtlich aus Backsteinen, ebenfalls die Trottoirs in der Umgebung des Conversationshauses, wodurch die Promenade in den übrigens sandigen Straßen sehr erleichtert wird.

Zwischen den hübschen Garten-Anlagen beim großen Logirhause erhebt sich ein in geschmackvoller Weise gebauter Pavillon, in welchem das Musikchor, welches während der Badezeit vom Festlande herüberkommt, täglich eine Stunde zu spielen pflegt. Auch bringt dasselbe den neuangekommenen Badegästen am Tage nach der Ankunft ein Empfangsständchen (Taxe 1 ℳ).

Vom Conversationshause gelangt man in östlicher Richtung auf einem, mit dichtem Buschwerk bepflanzten Wege nach der sogenannten Schanze, welche, im Jahre 1811 von den Franzosen erbaut, jetzt mit ihrer Umgebung den östlichen Endpunkt der Garten-Anlagen bildet. Hier sowohl, wie in der ganzen südlichen Dünenkette, längs dem Watt, halten sich hauptsächlich die wilden Kaninchen auf, die jedoch in der Schanze selbst ein freies Asyl genießen, indem hier nicht geschossen werden darf. Die Jagd auf diese Thiere steht jedem Fremden frei und bietet durch das Auf- und Abklettern in den Dünen zugleich eine gesunde Bewegung; außerdem wird dadurch die Zahl der für die Dünen und die Gärten der Insulaner keineswegs Vortheil bringenden Kaninchen etwas vermindert. Als Regel für das Schießen dieser behenden Dünenbewohner gilt, möglichst immer den Kopf zu treffen, indem dieselben sonst gar zu leicht noch die Höhlen erreichen und dadurch dem Jäger verloren gehen.

Nordöstlich von dieser Schanze liegt auf einer hohen Düne die große schwarze Bake, ein mit Theer angestrichenes Holzgerüst, welches Norderney von der Seeseite kenntlich macht und den Schiffern als Zeichen dient.

Für Jagdliebhaber bietet sich auch durch die Fahrten auf den Seehundsfang eine Gelegenheit, das edle Weidwerk zu üben, indem sowohl von der Insel Juist ein Seehundsjäger, Namens Oldmann, nach Norderney zu kommen pflegt, mit dessen Segelschiffe die Jagdgesellschaft nach den Seehundsplatten bei Juist fährt, als auch von Norderney aus mit den Schaluppen solche Partien unternommen werden. (Eine Beschreibung der verschiedenen Arten der Jagd findet sich Seite 45 in dem Artikel über Spiekeroog.)

Außerdem ist für Schießübungen durch einen Scheibenstand in der Nähe des sogenannten Polders (eingedeichtes Wiesenland), südwestlich vom großen Logirhause, gesorgt. Anderweitige Vergnügungen findet man durch die gut eingerichteten Kegelbahnen, ferner durch Reitpferde, oder Wagen zu Spazierfahrten, sodann, um namentlich die herrliche Seeluft in vollem Maße genießen zu können, durch die am südwestlichen Strande fortwährend bereit liegenden Segelschaluppen, mit welchen gewöhnlich Fahrten von etwa 2 Stunden auf dem Meere gemacht zu werden pflegen (à Person 5 gr). Als ein Mittel zur Beförderung und Erhaltung der Gesundheit für die Jugend dient die westlich vom Dorfe Norderney gelegene Turnhalle, in welcher unter Anleitung eines Lehrers die geeigneten Uebungen ausgeführt werden.

Für größere Partien zu Wagen ist die an der Ostspitze der Insel gelegene sogenannte „weiße Düne" ein beliebter Zielpunkt. Gewöhnlich gelangt man mit einem offenen Omnibus, auf welchem 8 bis 10 Personen Platz finden, vom Weststrande der Insel in etwa einer Stunde nach diesen eigenthümlichen Sandbergen. Diese durch den Wind fast jedes Jahr zu anderen Formen gestalteten, völlig unbewachsenen Dünen, etwa drei an der Zahl, machen mit der hier weit und breit herrschenden öden Einsamkeit, deren Stille nur durch das Brausen des Meeres und das Geschrei der Möven und Seeschwalben unterbrochen wird, einen so wunderbaren Eindruck, wie man ihn in ähnlicher Weise nur an einigen Orten der hohen Schneeregionen der Alpen, natürlich dort in weit größerem und imposanterem Maßstabe empfindet.

Eine Fahrt mit einer Segelschaluppe nach der Insel Juist oder Baltrum, welche je nach dem günstigen Eintreffen der Ebbe und Fluth in einem oder zwei Tagen abgemacht werden kann, kostet 2 bis 3 ℳ.

Die Rhede der Insulaner, welche nur ein offener Anlegeplatz ist, befindet sich am südlichen Strande der Insel, etwa der schwarzen Bake gegenüber, und liegen hier oftmals 50 bis 60 Schaluppen, Ever u. s. w., mit denen im Frühjahr und Herbst theils der Fischfang, theils der Transport der Fische nach den Häfen des Festlandes betrieben wird. In Norderney pflegt man den Tobiasfisch, oder die Sandlanze (Ammodytes Tobianus u. lancea), ferner den Pierer oder Sandwurm (Arenicola piscatorum) als Köder für die zu fangenden Schellfische, Kabliaus und Makrelen, welche hier mit Angeln gefischt werden, zu benutzen. Schollen, Steinbutte und Seezungen fängt man auch wohl im Sommer am Strande mit Netzen, ferner werden an den Stellen, welche bei Ebbezeit von Seewasser frei werden, die oben erwähnten Tobiasfische oder Sandaale, hier Spierlinge genannt, gegraben. Es geschieht dies meistens mit dreizackigen, gabelartigen Schaufeln, die den feuchten Sand aufwühlen, aus welchem sich fast blitzschnell ein schmaler silberheller Fisch windet, um sogleich in den tieferen Boden wieder einzudringen. Letzteres muß durch ein rasches Ergreifen mit der Hand verhindert werden. Gebacken liefern diese kleinen Fische ein sehr angenehmes Essen.

Das Wiesenland der Insel, welches jedoch keinen so bedeutenden Flächenraum hat wie z. B. Borkum, dient während des Sommers etwa 30 Kühen und einigen hundert Schafen zur Weide. In den Gärten, von denen nach den großen Stürmen der letzten Jahre namentlich in nordwestlicher Richtung ein großer Theil durch den Dünensand verdorben ist, gedeihen Kartoffeln, Bohnen ꝛc. ganz vortrefflich. Die Sturmfluthen von 1855 und 1858 haben auch von dieser Insel viel Land abgerissen und den Strand dem eigentlichen Dorfe bedeutend näher gerückt. Um nun dem ferneren verderblichen Eindringen des Meeres vorzubeugen, hat die Königlich Hannoversche Regierung ein 3250 Fuß langes Schutzwerk (ungefähr in der Gegend des Turnschuppens beginnend und am Fuße der Marienhöhe bis zum Herrenstrande sich hin erstreckend) durch den Wasserbau=Conducteur Tolle im Jahre 1858 aufführen lassen. Dasselbe besteht aus einer doppelt gekrümmten liegenden Mauer, 12 Fuß hoch und 17 Fuß breit, welche durch einen Vorbau von Pfählen und Faschinenwerk gegen Unterspülung geschützt wird. Ferner um vor Hinterspülung zu sichern, ist am Kopf der Mauer eine 6 Fuß breite Steinwand und ein Pflaster von gebrannten Ziegeln auf Kleiboden angelegt, welchem sich die abgeschrägten Dünen weiter nach der Insel hin anschließen. In den Stürmen der letzten Jahre hat sich dies Schutzwerk bereits als zweckentsprechend bewährt. In ähnlicher Weise werden, um auch den Strand gegen Verspülen zu sichern, Schutzwerke aus Fascinage und Quadersteinen ꝛc., am Meere selbst angelegt.

Aus dem nordwestlichen Ende des Ortes führt ein durch Muschelkalk und Kleiboden fest gemachter Fußweg zu einer hohen Düne, auf der sich ein hübscher Pavillon erhebt, welcher zu Ehren Ihrer Majestät der Königin von Hannover „Marienhöhe" genannt ist. Von hier aus bietet sich über das weite offene Meer und die Insel Norderney, ferner nach dem gegenüberliegenden Festlande und der Insel Juist ein prächtiges Chklorama. An hellen Abenden, wo namentlich der Horizont rein ist, kann man nach Sonnenuntergang das Feuer auf dem Leuchtthurme der Insel Borkum brennen sehen. Am

Fuße dieser Düne*) führt der Weg über die Stein=
böschung nach dem Damenstrande, woselbst eine Reihe
Badekutschen, ähnlich wie die am Herrenstrande, aufge=
stellt ist.

Letzterer liegt in nördlicher Richtung, etwa eine halbe
Stunde vom Damenstrande entfernt, unterhalb der Düne,
welche zu Ehren Sr. Majestät des Königs von Hannover
den Namen „Georgshöhe" erhalten hat.

Am Fuße dieses hohen, alle anderen überragenden
Hügels befindet sich ein Bretterhaus, in welchem während
der Badestunden kalte Küche und verschiedene Getränke
zu haben sind.

Die erwähnten Badekutschen, etwa 80 an der Zahl,
welche auf vier Rädern ruhen, sind ganz von Holz ge=
baut, ferner mit einer verschließbaren Thür und 2 Schieb=
fenstern, die nach der jedesmaligen Richtung des Windes
geöffnet oder geschlossen werden können, versehen. Im
Innern enthalten dieselben zwei Bänke, sodann Haken
zum Aufhängen der Kleidungsstücke und einen kleinen
Spiegel; ferner ist an der Rückseite eine Glocke ange=
bracht, die sich durch eine im Innern befindliche Schnur
läuten läßt, um das Zeichen für die Badebedienung zu
geben, daß der Badegast die Kutsche zu verlassen wünscht
und dieselbe für den Nachfolger frei geworden ist.

Durch die in hinreichender Zahl angestellte Bade=
bedienung wird es möglich, die Karren fortwährend nach
dem verschiedenen Stande des Wassers bis nahe an
dasselbe herantreten zu lassen.

Außerdem existirt hier die treffliche Einrichtung, daß
Karten mit Nummern für die abgelieferten Badebillets
ausgegeben werden, welche, einzeln aufgerufen, bei einer
größeren Anzahl Wartender eine geordnete Reihenfolge
ermöglichen.

---

*) Eine Warnungstafel beim Aufgange nach der Marienhöhe
besagt, daß dieselbe während der Badestunden nicht betreten wer=
den darf.

Das Baden beginnt in Norderney um 5 Uhr Morgens und dauert bis 2 Uhr Mittags, so daß sich ein Jeder die Zeit der Fluth oder Ebbe und demgemäß auch den stärkeren oder schwächeren Wellenschlag auswählen kann. Im Allgemeinen wird die Zeit von 2 Stunden vor Hochwasser bis ca. 1 Stunde nach demselben vorgezogen*). Durch diese Einrichtung ist allen Unregelmäßigkeiten der Badezeit und des Mittagsessens, wie dies an solchen Orten der Fall ist, wo nur bei Fluth gebadet wird, vorgebeugt.

Die einzelne Badekarte kostet $7\frac{1}{2}$ gr, für Kinder 4 gr; dieselben sind im Conversationshause zu erhalten. Für das Trocknen und Aufbewahren der Laken ist wöchentlich $7\frac{1}{2}$ gr zu zahlen; auch kann man sich Handtücher oder Laken von den Badewärtern am Strande gegen eine wöchentliche Vergütung von ebenfalls $7\frac{1}{2}$ gr miethen. Alle übrigen Dienstleistungen sind noch besonders zu honoriren.

Vor Beendigung der Badezeit um 2 Uhr Mittags ist es für Herren nicht erlaubt den Damenstrand zu betreten, dagegen ist der ganze Nordstrand in seiner weiten Ausdehnung nach Osten für die Spaziergänger frei, zu welchem auch die Damen auf dem sogenannten Umgehungswege gelangen können. Zweimal wöchentlich ist hier am Strande von 6 bis 8 Uhr Abends Musik, außerdem ist die Promenade von 4 Uhr Nachmittags am besuchtesten. Vom Ufer aus genießt man dabei den weiten Ueberblick über das großartige, fast immer unruhige und veränderliche Meer, am fernen Horizonte erscheinen nicht selten vorüberfahrende große Segel- oder Dampfschiffe; während das Meer in der Nähe durch die zu

---

*) Die höchste Fluth tritt in Norderney zur Zeit des Neu- und Vollmondes um 10 Uhr, zur Zeit der Mondviertel um 4 Uhr ein, und zwar täglich ungefähr 50 Minuten später. Die Höhe des gewöhnlichen Fluthwechsels beträgt 8 Fuß am Strande und 9 Fuß in dem Watt bei Norddeich.

Spazierfahrten benutzten Schaluppen belebt wird. Auch die großartigen Naturschauspiele des Sonnenuntergangs am Meere, ferner die sanfte Beleuchtung des Mondes auf den glitzernden Wellen, oder das interessante Phä=
nomen des Seeleuchtens, welches gewöhnlich zur Zeit des Neumondes bei bedecktem Himmel, südlichem Winde und demgemäßen warmen Wetter sich einzustellen pflegt, gewähren einen eigenthümlichen und entzückenden Anblick. Letztere Erscheinung wird durch die zahllose Schaar kleiner, funkelnder und blitzender Leuchtthiere hervorgerufen, welche hauptsächlich zu den Gattungen Noctiluca und Peridinium gehören, die durch besondere Witterungs=
verhältnisse an die Oberfläche gelockt, in den Wellen umherschwärmen und dieselben beim schäumenden Sturze in einen breiten phosphorglänzenden Lichtsaum verwandeln.

Der Verein zur Rettung Schiffbrüchiger hat hier ein 32 Fuß langes Francis=Rettungsboot (s. Seite 12) für 12 bis 14 Mann zum Rudern angelegt, welches in einem Holzschuppen südlich vom Damenstrande und der Marienhöhe aufgestellt ist.

Schließlich sei noch erwähnt, daß die Seebadeanstalt zu Norderney unter Dr. von Halem's Leitung Ende des vorigen Jahrhunderts begründet wurde, und hat sich dieselbe im Laufe der Zeiten, namentlich durch den fortgesetzten Besuch der Königlichen Familie, sowie da=
durch, daß Alles, was für die Erhaltung und Verschöne=
rung dieses Ortes und der Insel erforderlich ist, geschieht, zu einem der elegantesten und bedeutendsten unter sämmt=
lichen deutschen Nordseebädern emporgeschwungen.

Baltrum.

Oestlich von Norderney, durch das Seegat Wichterdeep getrennt, liegt Baltrum, die kleinste der hannoverschen Nordseeinseln, indem ihr Flächenraum nach den Papen'schen Messungen nur 0,041 geogr. Quadrat=Meile, oder incl. Strand 0,141 geogr. Quadrat=Meile beträgt. Im Süden erstreckt sich das Watt bis zum ostfriesischen Festlande, während im Norden sich das offene Meer ausbreitet und im Osten das Seegat Accumer Ee die Insel Baltrum von Langeoog trennt.

Diese kleine Insel zählt in 37 Häusern 176 Einwohner. Als Geistlicher ist der Pastor Kittel angestellt, während der Vogt H. J. Küper (unter dem Amte Berum) auf der Insel seinen Wohnsitz hat*).

Die natürlichen Qualificationen für ein Seebad sind in Betreff des Strandes und des Wellenschlages auch hier gegeben und wird dieses kleine Düneneiland, von welchem die Bewohner während der tiefsten Ebbe sogar zu Fuße nach Norderney gelangen können, bisweilen von einigen Badegästen besucht; doch existirt weder eine eigentliche Badeanstalt noch eine regelmäßige Verbindung mit dem Festlande.

Der Emdener Verein zur Rettung Schiffbrüchiger hat auf dieser Insel ebenfalls eine Station angelegt und ist daselbst ein zwanzig Fuß langes Francis=Boot für 6 bis 8 Mann Besatzung aufgestellt.

---

*) Für Diejenigen, welche vielleicht die bis jetzt noch sehr wenig frequentirten Inseln: Juist, Baltrum und Langeoog zu besuchen beabsichtigen, wird es erwünscht sein, die Namen einzelner Herren, welche hierüber Auskunft ertheilen können, zu erfahren, weßhalb jedesmal der Pastor und der Vogt bei diesen Inseln genannt sind.

Langeoog.

Von der eben genannten Insel Baltrum gelangt man in östlicher Richtung nach der hannoverschen Insel Langeoog, welche aus zwei höher gelegenen, durch Dünen geschützten Theilen besteht. Der Flächeninhalt beträgt nach den Papen'schen Messungen 0,104 geogr. Quadrat=Meile, oder incl. Strand 0,264 Quadrat=Meile. Die westliche Grenze durch das Seegat Accumer Ee ist bereits unter Baltrum erwähnt; im Norden breitet sich ebenfalls das offene Meer und im Süden das Watt aus, in östlicher Richtung wird Langeoog durch das Seegat Otzumer Balje von Spiekeroog getrennt. Die Insel gehört zum Amte Esens und ist der Vogt G. L. Kuper in Langeoog angestellt. Das Ostland, Melkhörn genannt, wird nicht bewohnt, dagegen befindet sich auf dem Wester=ende das Dorf mit 172 Einwohnern in 38 Häusern und einer Kirche, in welcher der Candidat des Predigtamts, J. G. Meints, den Gottesdienst hält. Obwohl noch keine eigentliche Seebadeanstalt auf dieser Insel und keine Verbindung mit dem Festlande existirt, so ist dieselbe doch schon mehrfach besucht worden und zwar nament=lich von solchen Badegästen, die einen völlig ungenirten Aufenthalt zu haben wünschen. Die Einwohner sind theilweise zur Aufnahme von Fremden, welche jedoch mit den einfachen Verhältnissen vorlieb nehmen müssen, ein=gerichtet, und haben selbst einige Badekarren am dortigen Strande aufgestellt, welcher sich durch das flache, sandige Ufer und den guten Wellenschlag zu einem Badeplatze vortrefflich eignet. Am leichtesten gelangt man von Spie=keroog aus mit einer Schaluppe nach Langeoog.

Seit einigen Jahren besteht hier eine Rettungsstation des Embener Vereins mit einem 30 Fuß langen Francis=Boote für 10 bis 12 Mann zum Rudern, welches in der Nähe des Dorfes aufgestellt ist. Am 7. Novbr. 1864 wurde durch dieses Boot die Mannschaft der englischen Brigg „Pearscher" von Sunderland, aus 8 Personen bestehend, gerettet; welches jedoch des furchtbaren Sturmes und der noch nicht gehörig eingeübten Mannschaft wegen erst nach vieler Mühe gelang.

Spiekeroog.

Westlich von der oldenburgschen Insel Wangeroog, deren früher blühende Seebadeanstalt nebst einem Theile der Insel durch die Gewalt der Elemente zerstört ist, liegt die hannoversche Insel Spiekeroog. Es hatte sich hier bereits in der Zeit, als Wangeroog noch ziemlich stark besucht wurde, der Anfang zu einem Seebade gebildet, welches immer mehr an Bedeutung gewann, je weniger die oldenburgsche Nachbarinsel dem Verderben widerstehen konnte. Die einfachen Mittel der Spiekerooger Insulaner bedingten jedoch demgemäße Einrichtungen, und gehört daher dieser in den letzteren Jahren verhältnißmäßig mehr in Aufnahme gekommene Seebadeort zu denen, wo der Aufenthalt in der schönen freien Natur und die kräftigen Nordseebäder bei übrigens angenehmen und billigen Einrichtungen die Hauptanziehungspunkte bilden.

Wie bereits (Seite 25) erwähnt ist, legt das von Bremen und Geestemünde kommende Dampfschiff bei Spiekeroog an, wo die Passagiere jedoch des flachen und sich weit hinaus erstreckenden Strandes wegen nicht unmittelbar vom Bord des Dampfers an das Land gelangen können, sondern sich zuvörderst auf das von der Insel herbeigefahrene Fährschiff und sodann auf einen zweirädrigen Wagen, die Wüppe genannt, begeben müssen, auf welchem dieselben über den südlichen Strand der Insel und das sogenannte Grünland nach dem Dorfe

Spiekeroog befördert werden. Der Fahrpreis für das Dampfboot von Geestemünde beträgt à Person 4 ℳ; ferner für das Fährschiff 5 gr; für den Wagen ebenfalls 5 gr (Kinder unter 12 Jahren à 2½ gr); für das Gepäck wird besonders bezahlt.

Eine zweite Verbindung mit dem Festlande, die namentlich von den aus westlicher Richtung oder aus dem Oldenburgschen Kommenden benutzt wird, hat Spiekeroog durch die Postverbindung von Emden über Aurich und Esens nach Neuharlingersiel und von hieraus zur Fluthzeit mit dem Fährschiff nach der Insel. Trifft man etwa um 6 Uhr Abends auf der hannoverschen Westbahn in Emden ein, so kann man mit der Post um 6½ Uhr in ungefähr 3 Stunden nach Aurich*) gelangen. (4608 Einwohner in 607 Häusern. Hôtels: Deutsches Haus, Piqueurhof und Bär.)

Alsdann geht die Post am anderen Morgen über Ogenbargen in etwa 2½ Stunden nach Esens (2361 Einwohner in 375 Häusern). Hier hört jedoch die Postverbindung für Personen nach Neuharlingersiel auf, und ist man genöthigt, sich einen Wagen für diese Tour zu miethen.

Da das Fährschiff gewöhnlich nur einmal des Tages und zwar zur Fluthzeit die Fahrt nach der Insel macht, kann der Fall eintreten, daß man in Neuharlingersiel**) bis zum anderen Tage bleiben muß. Der Ort zählte am 3. December 1864: 396 Einwohner in 56 Häusern mit drei Gasthöfen (von M. C. Mingers, welcher

---

*) Der Landschaftssaal der Provinzial=Stände in Aurich enthält 27 Porträts ostfriesischer Herrscher, von Ulrich dem Ersten (gest. 1466) bis Ernst August, König von Hannover (gest. 18. Novbr. 1851).
**) Seit 1864 ist in Neuharlingersiel ebenfalls eine Rettungsstation für Schiffbrüchige angelegt, um den auf dem Watt in stürmischer Jahreszeit strandenden Schiffen Hülfe zu bringen. Das Rettungsboot (nach Francis=System) ist 25 Fuß lang und für 6 bis 8 Mann zum Rudern eingerichtet.

zugleich Strandvogt ist, ferner von G. D. Mammen und G. H. Becker).

Tritt zweimal während des Tages die Fluth ein, so macht auch das Fährschiff, welches bei halber Fluth von der Insel abfährt, zweimal täglich die Fahrt zwischen Spiekeroog nnd der Küste. Dasselbe kann ungefähr 30 Personen aufnehmen und hat man für die Ueberfahrt, welche bei günstigem Winde etwa $1\frac{1}{2}$ Stunde dauert, 5 gr zu zahlen (für Gepäck besonders). Ein in Neuharlingersiel gemiethetes Extraschiff, welches jedoch ebenfalls von der Fluth abhängig ist, kostet $1\frac{1}{2}$ bis 2 ℳ. Beiläufig bemerkt, sind die Wellen im Watt verhältnißmäßig niedriger als auf der Jahde ꝛc.; doch ist das kleine Fährschiff wiederum den Einflüssen von Wind und Wetter, so wie dem Auf- und Niedergehen der Wogen weit mehr ausgesetzt als das größere Dampfschiff, welches von Geestemünde nach der Insel fährt, so daß bei stürmischem Wetter auch bei diesen Ueberfahrten im Watt leichte Fälle von Seekrankheit vorkommen können.

Landet nun das Fährschiff auf der Rhede der Insel, so muß man, wie bereits erwähnt, die durch eine auf dem Fährschiff aufgezogene Flagge herbeisignalisirte Wüppe besteigen, um nach dem Dorfe zu gelangen. Außer der Badezeit, welche vom 15. Juni bis 15. September dauert, macht das Fährschiff nur zweimal wöchentlich die Fahrt.

Spiekeroog gehört zum Amte Esens und hat daselbst der Vogt Willms seinen Wohnsitz. Als Prediger ist der Pastor Harms auf Spiekeroog angestellt. — Der Flächeninhalt der Insel beträgt ungefähr $\frac{1}{11}$ Quadrat-Meile, oder den Strand und die Wattfläche mitgerechnet, 0,54 Quadrat-Meile. Die Länge der Insel von Westen nach Osten ist etwa doppelt so groß als ihre Ausdehnung von Norden nach Süden. Von der oldenburgschen Insel Wangeroog wird Spiekeroog durch das Seegat die „Harle" und von der hannoverschen Insel Langeoog durch die „Otzumer Balje" getrennt, im Süden erstreckt sich das Watt bis zum ostfriesischen Festlande, während in nordwestlicher, nördlicher und nordöstlicher Richtung sich die offene See ausdehnt.

Das Dorf (hier auch Loog genannt) enthält in 38 Wohnhäusern 197 Einwohner friesischen Stammes. Die etwa in der Mitte liegende kleine Kirche theilt den Ort in das Westerloog und Osterloog, je nach der westlichen oder östlichen Richtung. Die Häuser sind meistens einstöckig und enthalten ungefähr 79 Stuben und 20 Kammern, welche mit den nöthigen Meubeln zur Aufnahme von Fremden (etwa 400 jährlich) versehen sind. Die Bettmatratzen sind meistens mit den Producten des Meeres, dem getrockneten Seegras gefüllt. (Preise der Wohnungen: zu 2, 2½, 3 ℳ und mehr.) Die kleinen Gärten, mit niedrigen Erdwällen und Rasenstücken umgeben, sind mit Blumen oder Gemüsen bepflanzt. Bäume existiren außer einer Linde vor dem Willm'schen Gasthause nur in wenigen, meist verkrüppelten Exemplaren im Schutze der sie umgebenden Gebäude.

Die beiden Gasthäuser, von denen das eine (1861 erbaut) dem Capitain Sanders, und das andere dem Krämer der Insel, Willms, gehört, enthalten Conversationslokale und Logis für Fremde. (Ersteres hat 7, letzteres 3 Zimmer.) Der Mittagstisch besteht mit einigen Abwechselungen aus den drei Hauptgängen, welche kräftig und gut zubereitet sind, und kostet in beiden 13 gr.

Der Viehstand der Insel ist verhältnißmäßig bedeutend, indem auf dem Grünland große Weidestrecken sich befinden. Die Insel besaß im December 1864 70 Kühe und 319 Schafe. Kartoffeln und einige Gemüse werden für den Bedarf der Insulaner und Fremden gebaut, doch muß das Korn u. s. w. vom Festlande herübergeschafft werden.

Das Brunnenwasser ist von ähnlicher Beschaffenheit wie auf den übrigen ostfriesischen Inseln, jedoch ohne die gelbliche Farbe desselben in gleichem Maße zu

besitzen. Außerdem kann man auch künstliche Mineral=
wasser in dem Gasthause des Capitain Sanders erhalten.
Der Weg zum Strande durch die Dünen, sowie
die Hauptstraße durch das Dorf, ist mit Brettern bedeckt,
um das Gehen in dem feinen und beweglichen Sande
zu erleichtern. Die Entfernung von dem Orte bis zum
Strande beträgt nicht ganz eine halbe Stunde. Von
den Häusern des Dorfes geht man erst über festes Weide=
land, dann durch die Dünen, bis sich, ehe man die
letzten derselben vor dem Strande erreicht, der Weg in
östlicher Richtung für die Damen und in westlicher Rich=
tung für die Herren abzweigt. Der plötzliche Anblick
des weiten Meeres mit dem hell schimmernden Saume
der schäumenden Brandungswogen wirkt wunderbar über=
raschend. Der Strand sowohl wie der Wellenschlag
bieten dieselben Vortheile für ein Seebad wie Borkum
u. s. w. Bei der allmäligen Abflachung des breiten
Ufers ist auch in Spiekeroog die Einrichtung getroffen,
nur bei Fluthzeit zu baden, indem das Meer bei Ebbe
gewöhnlich sehr weit zurückläuft, wodurch für die Baden=
den der Fall eintreten könnte, in die draußen im Meere
liegenden Vertiefungen zu gerathen.

Der Beginn der Badezeit wird durch das Aufziehen
einer Flagge im Dorfe angekündigt (täglich etwa $\frac{3}{4}$ Stunden
später), und pflegen alsdann die Wanderungen nach dem
Strande zu beginnen. Am Badeplatze für Herren sind
12, und am Strande für Damen 13 hölzerne Badekarren
aufgestellt, die in ähnlicher Weise wie die in Norderney
befindlichen eingerichtet sind, welches in Anbetracht der
kleinen Insel und verhältnißmäßig geringen Mittel lobend
anerkannt zu werden verdient. Am Herrenstrande ver=
sehen 2 Badewärter und am Damenstrande 5 Wärte=
rinnen den Dienst.

Der Preis der Bäder ist nicht bedeutend, indem
8 Badebillets 1 ℳ (ein einzelnes 3 gr 8 ₰, für Kinder
unter 12 Jahren 2 gr) kosten; diese Karten kann man beim
Vogt der Insel und durch die Badewärter erhalten; einer der

Letzteren, Namens Freerk, führt den Titel „Bade=Commissair" und gehört es zu seinen Obliegenheiten, den Badegästen das Fremdenbuch zur Eintragung ihrer Namen vorzulegen und den Beitrag der Badenden zur Erhaltung der Badeeinrichtungen entgegen zu nehmen.

Ein Drittel der Einnahmen für die Karten fließt in die allgemeine Bade=Kasse, während die übrigen zwei Drittel dieser Einnahmen den Badewärtern und Wärterinnen in der Weise zum Gehalt dienen, daß erstere einen Theil und letztere zwei Theile davon bekommen. Außerdem pflegen dieselben bei der Abreise der Badegäste für das Reinigen, Trocknen und Aufbewahren der Laken oder sonstige kleine Dienstleistungen mit einem Trinkgelde bedacht zu werden.

Außer dem Bade im offenen Meere kann man auch in dem Gasthause des Capitain Sanders warme Bäder von Seewasser (à 15 gr), oder Mineralbäder u. s. w. in zwei mit Fliesen ausgemauerten Bädern, so wie in verschiedenen größeren oder kleineren Badewannen erhalten.

Ein Arzt und eine Apotheke befinden sich in Spiekeroog selbst nicht, sondern im gegenüberliegenden Neuharlinger=siel, von welchem der daselbst angestellte Dr. Martens alle Woche wenigstens einmal nach der Insel herüber=zukommen pflegt.

Um die herrliche Seeluft so viel wie möglich zu genießen, werden Partien zu Wagen am Strande der Insel, oder Fahrten mit einem Segelschiffe der Insulaner z. B. nach der westlich gelegenen Insel Langeoog gemacht, wozu je nach der Fluth ein bis zwei Tage erforderlich sind. (Preis: 3 bis $4\frac{1}{2}$ ℳ.)

Die Fahrten auf den Seehundsfang, welchen die Spiekerooger trefflich verstehen, werden hier häufig mit sehr günstigem Erfolge ausgeführt. Gewöhnlich fährt man des Morgens mit der Fluth (welche hier „Tie" genannt wird) nach der nördlich zwischen Spiekeroog

Spiekeroog. 45

und Langeoog gelegenen Robbenplate*), und kehrt mit der nächsten Fluth nach der Insel zurück. Um die Seehunde, welche sehr vorsichtig und scheu sind, nicht von ihren sonnigen Ruheplätzen auf den Sandbänken zu verjagen, müssen die Jäger sich flach niederlegen und, damit ihre Annäherung möglichst verborgen bleibe, leewärts (d. h. in der Richtung, nach welcher der Wind weht) von den Seehunden heranschleichen. Sodann pflegt ein Insulaner, welcher die Gewohnheiten dieser Thiere kennt und auch wohl mit einer Seehundskappe oder dergl. bedeckt ist, durch Nachahmung der Bewegungen eines Seehundes dieselben zu täuschen und arglos zu machen, während die Jäger, wenn die Robben in Schußweite kommen, ihr wohlgezieltes Feuer darauf richten.

Zuweilen gelingt es auch, einem zu weit auf dem Strande ruhenden Seehunde den Rückweg zum Meere durch schnelles Laufen abzuschneiden, indem sich diese Thiere schlecht auf dem Lande fortbewegen können, und denselben durch einige kräftige Schläge auf den Kopf, namentlich auf die Nase, zu tödten.

Eine andere in Spiekeroog gebräuchliche Art, die Seehunde zu fangen besteht darin, an einer Stelle am Rande der Sandbank Bretter, mit daraus hervorstehenden spitzen und langen Nägeln einzugraben, und sodann die Robben, welche während der Fluth darüber weggeschwommen sind, von der Sandbank nach dieser Richtung zum Meere und in die aus dem Sande hervorragenden Nägel zu treiben.

Auf der südlich von der Robbenplate gelegenen Sandbank, die „Schillplate" genannt, werden Miesmuscheln (Mytilus edulis) in großer Menge mit Schleppnetzen heraufgeholt und nach dem Festlande gebracht.

Auch gräbt man hier am Strande die sogenannten

---

*) Es ist dies eine große Sandbank, welche bei Ebbezeit aus dem Meere hervorragt und den Robben zum Lagerplatz dient.

kleinen Sandaale oder Spierlinge, wie solches bereits in dem Artikel über Norderney (Seite 32) beschrieben wurde. Durch die Eisenbahn=Verbindung des Geestemünder Hafens mit dem übrigen Festlande ist der Fang der Schell=fische und der Transport derselben nach Geestemünde bei den Insulanern mehr in Aufnahme gekommen.

Die Jagd auf Kaninchen ist in Spiekeroog sehr ergiebig, indem eine große Menge derselben, und zwar bei Weitem mehr als im Ganzen fortgeschossen werden, auf der Insel existiren, und ihren Aufenthalt in nicht sehr großer Entfernung vom Dorfe in den Dünen haben. Von der Jagd auf Seevögel gilt dasselbe, was bereits darüber unter Borkum (Seite 8) gesagt wurde.

Seit einigen Jahren ist auch in Spiekeroog eine Rettungsstation für Schiffbrüchige angelegt. Das Boot, welches nach Francis=System (s. Seite 12) gebaut ist, hat eine Länge von 20 Fuß und kann mit einer Mann=schaft von 8 Personen besetzt werden. In einem eigenen Holzschuppen, welcher mit Asphaltpappen gedeckt ist, wird dasselbe vor dem verderblichen Einfluß der Witterung in der Zeit, wo es nicht gebraucht wird, geschützt.

Am 7. September 1864 hatte die Rettungsmann=schaft Gelegenheit, ihre menschenfreundliche Pflicht erfüllen zu können, indem das französische Schiff „Gagnerie", aus Nantes, Capitain Cadou, mit 4 Mann Besatzung in der Nähe von Spiekeroog bei westlichem Sturm scheiterte. Da die Pferde nicht gleich bei der Hand waren, zogen die Insulaner den Karren, auf welchem das Rettungsboot in dem Schuppen zu stehen pflegt, nach dem Strande und brachten es von da in die brandende See. Sieben Mann und der schon früher erwähnte Capitain Sanders, welcher die Leitung des Bootes hatte, arbeiteten sich über die stürmischen, wild=schäumenden Brandungswellen nach dem gefährdeten Schiffe hinaus; da jedoch die herankommende Fluth dem Rettungsboote ebenfalls entgegendrängte, war es unmög=lich, bis an's Wrack zu gelangen, und gingen deshalb die Spiekerooger an einer Stelle vor Anker, wo möglicherweise die vom Schiff Verunglückten ihnen durch die Strömung zugetrieben werden konnten; außerdem hatten sie die Absicht, später bei Ebbe den Versuch fortzusetzen. Nach kurzer Zeit wurde jedoch ein Floß, aus zusammengebundenen Balken des Wracks bestehend, mit den fünf französischen Seeleuten in der Nähe des Bootes bemerkt, weshalb die Insulaner nun von Neuem nach dieser Richtung hinruderten. Bald darauf schwankten beide Fahrzeuge dicht neben einander über den furchtbar stürmischen Wogen, doch gelang es der Rettungsmannschaft, die Schiffbrüchigen zu ergreifen, in ihr Boot zu schaffen und in kurzer Zeit das Ufer glücklich wieder zu erreichen!

— Das französische Schiff war mit Korkholz, Oel und Terpentin beladen und trieben bald darauf die Trümmer desselben an den Strand von Spiekeroog.

Im Ganzen ist das Leben auf der Insel, ähnlich wie in Borkum, billig, einfach und ländlich und gehört dieses Eiland mit seinen für ein Seebad äußerst günstigen Eigenschaften zu denen, welche den Vorstellungen von einem guten, aber nicht luxuriösen Nordseebadeorte vollkommen entsprechen.

Wangeroog.

Diese zum Großherzogthum Oldenburg (Herrschaft Jever) gehörige Insel, deren Seebadeanstalt seit den Stürmen von 1855 fast ganz eingegangen ist und nur noch von wenigen Fremden besucht wird, läßt sich am besten mit dem von Bremen kommenden Dampfboot erreichen, welches auf Wunsch der nach Wangeroog Reisenden bei dieser Insel anlegt. Die Fahrt ist bereits Seite 25 beschrieben, und werden vom Dampfschiffe aus durch Aufziehen einer Flagge Segelboot und Wagen von der Insel herbeisignalisirt, indem auch hier der Dampfer des flachen Ufers wegen in ziemlicher Entfernung vom Strande liegen bleiben muß.

Von Oldenburg kann man auch auf dem Landwege mit der Post über Jever nach Wittmund und von da bis Carolinensiel, resp. Friedrichsschleuse in ca. 9½ Stunden Fahrzeit gelangen. Von hier aus fährt man mit einem Segelschiffe bei günstigem Winde in ungefähr 1½ bis 2 Stunden nach Wangeroog.

Obwohl die Sturmfluthen von 1855 den größten Theil des westlichen Landes, auf welchem sich bis zu dem genannten Jahre auch die Wohnungen der Insulaner befanden, in's Meer fortgerissen haben und die Einwohner zum Theil nach dem gegenüberliegenden Festlande gezogen sind, so hat sich dennoch ein Theil dieser mit unerschütterlicher Treue an dem heimathlichen Boden hängenden Friesen auf der östlichen Seite der Insel wieder angebaut, um hier im Schutze der noch übrigen Dünen ihr Schicksal auf's Neue an das des untergehenden Eilandes zu knüpfen.

Das Seebad wurde im Jahre 1819 unter dem Herzog Peter Friedrich Ludwig von Oldenburg angelegt und erwarb sich bald einen wohlverdienten Ruf, so daß der Wohlstand der Insel, der durch die französische Herrschaft, welche sich auch über Wangeroog erstreckte, gesunken war, bald wieder aufblühte.

Im Jahre 1825 wurde jedoch die Insel von heftigen Sturmfluthen stark beschädigt, indem die Wogen von der Nordseite die Dünen durchbrachen und alles fruchtbare Land, Wiesen, Aecker und Gärten zerstörten und selbst den Kirchhof zum Theil wegschwemmten. Auch der zu Anfang des siebenzehnten Jahrhunderts unter dem Grafen Johann von Oldenburg erbaute, über 200 Fuß hohe steinerne Feuerthurm wurde zertrümmert. An dessen Stelle ist ein Leuchtthurm mit einem Drehfeuer errichtet, welches in bestimmten Zwischenräumen bald leuchtet, bald verschwindet, wodurch dasselbe sich von den auf Borkum und Helgoland befindlichen Leuchtfeuern, welche ununterbrochen brennende Flammen zeigen, unterscheidet. In der Nähe desselben soll eine Capelle für die auf der Insel noch vorhandenen Bewohner, deren Zahl ungefähr 80 beträgt, auf einer etwas höher gelegenen Fläche erbaut werden, damit dieselbe zugleich den Blicken der vielen Schiffer, welche an der Wattseite der Insel vorbeipassiren, als Merkzeichen diene.

Vor dem Jahre 1855 besaß Wangeroog ein großes, vierzig wohnliche Zimmer enthaltendes Conversationshaus (ebenfalls ein Badehaus für warme Bäder), welches jedoch, nachdem der Ort durch Sturm und Wogen fast ganz zerstört war, mit den noch übrigen Nebengebäuden abgebrochen wurde. Die auf dem östlichen Theile der Insel, welcher nach der übereinstimmenden Ansicht der Techniker noch viele Jahre hindurch Schutz gewähren wird, jetzt neu erbauten Häuser sind reinlich und gut eingerichtet; auch ist die Verpflegung bei freilich sehr bescheidenen Ansprüchen genügend und preiswürdig.

Der Badestrand, welcher etwa 5 Minuten von den Wohnungen entfernt ist, hat dieselbe flache Abdachung und den feinen festen Sandboden wie die daneben liegenden hannoverschen Inseln. Auch hier wird mit hölzernen

Badekutschen gebadet, und hat man für das Bad 5 *gr* zu zahlen. Der Wellenschlag des von Westen, Osten und Norden heranbrausenden Meeres ist ebenfalls kräftig und dem der bereits genannten Inseln gleich.

Seit neuerer Zeit befindet sich auf dieser Insel eine Station des Bremischen Vereins zur Rettung Schiff=brüchiger. Das neu angeschaffte, mit Segelwerk ver=sehene Francis=Patent=Rettungsboot hat sich bereits als tüchtig bewährt, indem es z. B. auf einer Probefahrt bei stürmischem Wetter achtmal durch schwere Brandungen ging, ohne auch nur Wasser überzunehmen.

Südöstlich von Wangeroog, am Meerbusen der Jahde, welcher im dreizehnten Jahrhundert entstanden ist, liegt bei Heppens das von Oldenburg an Preußen verkaufte Gebiet, auf welchem ein Kriegshafen angelegt wird.

Wangeroog schließt die Kette dieser Sandinseln, welche sich schon von der holländischen Küste herziehen, ab, indem der breite Meerbusen der Jahde in das olden=burgsche Gebiet tief hineindringt und die Gegend vom Ausflusse der Weser bis zur Elbe, mit Ausnahme des kleinen Eilandes Neuwerk und Helgolands, keine Inseln besitzt. Letztere beginnen erst wieder nördlich an der westschleswigschen Küste, jedoch größtentheils in etwas anderer Weise, indem dieselben meistens die Ueberreste des vom eindringenden Meere zerrissenen Festlandes bilden und nur theilweise mit Sanddünen bedeckt sind.

Helgoland.

Etwa 8 Meilen von den Mündungen der Weser und Elbe entfernt, liegt mitten in der Nordsee ein einsamer, hoher Felsen, umbraust von den wogenden Fluthen des Meeres, umweht von dem salzigen Hauche der See. Es ist dies die wunderbare Felseninsel Helgoland, an welche sich im skandinavischen Alterthume eine Menge von Sagen knüpften, und deren eigentliche Form, von Ferne gesehen, der Insel eine frappante Aehnlichkeit mit einem riesigen Opfersteine giebt. Dieser schroff aus dem Meere sich erhebende, von mehr als 2400 Friesen bewohnte bunte Sandsteinfelsen würde sich jedoch allein keinenfalls für ein Seebad eignen, wenn nicht in der Entfernung von etwa 15 Minuten ein schmaler Streifen hellschimmernden Sandlandes läge, welchen die Einwohner „de Halem", die Badegäste aber „die Düne" nennen. Die seit dem Jahre 1826 errichtete Seebadeanstalt ist sehr in Aufnahme gekommen und wird namentlich der hier besonders frischen und reinen Seeluft, sowie des comfortablen und ungezwungenen Aufenthalts wegen jährlich von etwa 2= bis 3000 Badegästen besucht.

Eine regelmäßige Dampfschiffverbindung zwischen Helgoland und dem Festlande wird von Hamburg über Cuxhaven unterhalten, indem von Mitte Juni bis Mitte Juli zweimal wöchentlich, vom 15. Juli bis Anfang September dreimal (Dienstags, Donnerstags und Sonnabends), und vom Anfang September wieder zweimal das Dampfboot nach Helgoland fährt.

Die Reise dauert gewöhnlich nur 6 Stunden, bei ungünstigem Wetter oftmals auch etwas länger, und beträgt der Fahrpreis à Person 12½ Mark Hamb. Cour.

3*

oder 5 ℳ Cour. (Vereins=Münze); für ein Billet hin und zurück 20 Mark Cour. oder 8 ℳ Cour.*)
Der Anlegeplatz der Dampfschiffe befindet sich in der Nähe der Elbhöhe beim Hamburger Hafen und pflegen dieselben gewöhnlich am Morgen von Hamburg abzufahren**).

*) Im Allgemeinen rechnet man in Hamburg nach Mark Courant à 16 Schilling. Die Banco=Mark ist keine wirkliche Münze, sondern bezieht sich darauf, daß die Hamburger Bank eine Münzmark feines Silber zu 27 Mark 12 Schilling beim Ab= und Zuschreiben berechnet. 2½ Mark oder 40 Schilling Courant sind gleich einem Thaler (im 30=Thalerfuße), 1 Mark = 12 Groschen; 4 Schilling = 3 Groschen (1 Mark Courant = 60 Kreuzer österreichischer Währung oder = 42 Kr. süddeutscher Währung).

**) Aus südwestlicher Richtung gelangt man nach Hamburg mit der hannoverschen Eisenbahn bis Harburg und von dort entweder per Dampfschiff über die Elbe oder mit dem Omnibus und der Fähre über die Insel Wilhelmsburg.

Von Harburg geht das Dampfschiff 8 mal täglich in einer Stunde nach Hamburg und hat man für die Ueberfahrt 7 Schilling oder 5 gr 3 ₰, für jedes Stück Gepäck 4 Schilling oder 3 gr zu zahlen. Der Omnibus geht dreimal täglich nach Ankunft der Eisen= bahnzüge und hat jeder Passagier 14 Schilling oder 10½ gr, incl. Gepäck 20 Schilling oder 15 gr, zu entrichten.

Außerdem ist die Eisenbahn von Lüneburg nach Hohnstorf seit dem 15. März 1864 dem Verkehr übergeben, und gelangt man von dort über die Elbe nach Lauenburg, der Hauptstadt des Herzogthums gleichen Namens, an der Elbe und Delvenau gelegen. Von hier aus fährt man nach Büchen, wo die Bahn von Berlin über Friedrichsruhe und Reinbeck nach Hamburg führt.

Gasthöfe in Hamburg. Am Jungfernstieg: Streit's Hôtel, Victoria=Hôtel, Hôtel St. Petersburg; am Alsterdamm: Hôtel de l'Europe, Alster=Hôtel; ferner Zingg's Hôtel, der Börse gegen= über u. a. m.

Die Promenaden des Jungfernstiegs und des Alsterdamms an den beiden Seen der großen und Binnen=Alster, auf welchen fort= während kleine Schrauben=Dampfschiffe die Verbindung mit den gegenüberliegenden Ortschaften vermitteln, bilden den schönsten und elegantesten Theil dieser großen Seehandelsstadt.

Außer der Börse (um 1 Uhr), welche bei dem großen Brande von 1842 völlig unversehrt blieb und in deren einem Anbau sich die städtische Gemäldegallerie befindet, ist die am 24. September 1863

Helgoland. 53

Von hier geht das Schiff auf der Elbe strom=
abwärts. Am rechten Ufer zeigt sich die holsteinsche
Stadt Altona; sodann erscheinen die anmuthigen, wald=
bewachsenen Höhen mit den zahlreichen Landhäusern reicher
Kaufleute; ferner das Fischerdorf Blankenese, wohin von
Hamburg ebenfalls ein hübscher Weg am Lande über
Ottensen (auf dessen Kirchhofe Klopstock und Schmidt
von Lübeck ruhen) zwischen den schönsten Garten=Anlagen
und Landhäusern führt.

Auf dem linken flachen Ufer wird in der Ferne die
hannoversche Stadt und Festung Stade sichtbar, welche,
mehr landeinwärts liegend, durch einen Kanal mit der
Elbe verbunden ist. Auf der etwa 1 Meile unterhalb
Stade liegenden Insel Pagensand wurde im März 1864
auf Befehl des Obercommandos der deutschen Bundes=
truppen in Holstein eine Schanze, mit 6 Kanonen armirt,
zum Schutze der Unterelbe errichtet. Bald darauf erblickt
man am rechten Ufer den holsteinschen Ort Glückstadt,
welcher vom Jahre 1620 bis 1815 stark befestigt war.

Endlich erreicht das Dampfboot Curhaven, wo=
selbst es anlegt um Passagiere aufzunehmen oder abzusetzen.
Der Strom der Elbe hat hier eine Breite von etwa
2 bis 3 Meilen und eine Tiefe von ca. 25 Fuß.

Das Curhavener Bad, im Jahre 1816 durch den
Hamburger Senator Abendroth gegründet, ist eigentlich
nur ein Flußbad, indem das salzige Wasser der See

eingeweihte, nach einem Entwurf von Gilbert Scott in reichem
gothischen Style erbaute Nicolaikirche hinsichtlich der Architektur be=
sonders bemerkenswerth. Von dem 456 Fuß hohen Thurme der
großen Michaeliskirche, welche durch den Architekten Sonnin in den
Jahren von 1762 bis 1786 gebaut wurde, bietet sich ein großartiges,
weites Panorama über die Stadt und Umgegend.

In den großen und bedeutenden Häfen liegen fortwährend
hunderte von Seeschiffen fast aller Nationen. Einen prachtvollen
Ueberblick über diesen Wald von Masten und die von Inseln durch=
brochene, eine Meile breite Elbe gewinnt man von der Elbhöhe.

Am 31. December 1863 besaß Hamburg: 536 Seeschiffe von
119,883 Lasten, darunter 22 Dampfer.

sich nur bei Fluthzeit mit dem bräunlichen Strome der Elbe mischt. Auch sind die Wellen hier bedeutend niedriger als die aus dem offenen Meere an den Strand der Inseln breit und hoch heranschäumenden Brandungswogen der See. Die eigentliche Badestelle befindet sich etwa ½ Stunde weiter nördlich den Deich entlang bei Grimmershörn.

Curhaven gehört zu dem in der Nähe liegenden Hamburger Amte Ritzebüttel, und kann das große, früher befestigte Ritzebüttler Thurmschloß, welches einst Eigenthum der Herren von Lappen war, vom Strome aus gesehen werden. An der Mündung des bei Curhaven sich in die Elbe ergießenden kleinen Flusses Wetterung ist ein guter und sicherer Hafen, mit einem Raum für etwa 100 Seeschiffe, angelegt, welcher für Hamburg eine ähnliche Bedeutung hat, wie Bremerhaven für Bremen.

Auf der nördlichen Seite des Ortes erhebt sich der Leuchtthurm, dessen nächtliches Feuer nach dem Meere hin in jeder Minute einmal durch einen herabsinkenden Blechschirm verdunkelt wird. Es ist hier zugleich ein Telegraphenbüreau errichtet. An der Stelle, wo das vor einigen Jahren abgebrannte Bade- und Logirhaus lag, ist jetzt ein Pavillon mit einer Restauration erbaut. Wohnungen erhält man z. B. im Hôtel Belvedere und in Privathäusern zu ca. 7½ bis 10 Mark Hamb. Cour. (oder 3 bis 4 ℳ Cour.) wöchentlich.

In Curhaven ist vom Hamburger Verein zur Rettung Schiffbrüchiger eine Station mit einem Rettungsboote nach Francis-System angelegt (s. Seite 12); ebenfalls in dem (nordwestlich von Curhaven) der Insel Neuwerk gegenüberliegenden Küstenorte Duhnen.

Am Morgen des 10. Mai 1864 ankerten in Curhaven die aus dem Tags vorher ruhmvoll bestandenen Seegefecht mit den Dänen zurückkehrenden österreichischen und preußischen Kriegsschiffe, deren Todte hier begraben und deren Schwerverwundete zur Verpflegung untergebracht wurden.

Helgoland.

Von Cuxhaven aus geht nun die Fahrt in nordwestlicher Richtung weiter fort; zur Linken erscheint die kleine Insel Neuwerk, welche ebenfalls zum Hamburger Amte Ritzebüttel gehört. Dieses kleine Eiland enthält im Ganzen nur ca. 70 Morgen eingedeichtes Land, welches als Marschboden einen reichen Ertrag liefert. Zur Zeit der Ebbe kann man mit einiger Vorsicht ziemlich trocknen Fußes über das alsdann bloßgelegte Watt nach dem gegenüberliegenden Festlande gelangen. Außer den hölzernen Merk= und Warnungszeichen für die Schiffer ist hier an Stelle des 1372 abgebrannten hölzernen Feuerthurms ein 100 Fuß hoher steinerner Leuchtthurm von den Hamburgern erbaut. Derselbe enthält geräumige Magazine zur Aufnahme gestrandeter Schiffsgüter, welche namentlich bei Sturm auf den Sandbänken Schaarhörn und Diecksand in großer Menge vorkommen. (Erstere zieht sich in nördlicher Richtung von Neuwerk hin, letztere liegt auf der östlichen Seite vom Ausflusse der Elbe.) Von hier bis hinauf nach Tönningen erstreckt sich das Land der Ditmarschen, welches aus eingedeichten, sehr fruchtbaren Marschboden besteht und einen Flächenraum von 24 Quadrat=Meilen umfaßt. Dasselbe wird in zwei Aemter getheilt, Norderditmarschen mit dem Hauptorte des Landes: Heide, und Süderditmarschen, in welchem Meldorf, Henningstedt und Brunsbüttel die wichtigsten Orte sind*).

Vom Dampfboote aus kann man nun die niedrigen Küstenstrecken mit ihren Deichen immer weniger erkennen,

---

*) Besondere Berühmtheit haben sich die Bewohner dieser Gegenden durch ihre Tapferkeit erworben, mit welcher sie für ihre Unabhängigkeit unter ihrem Führer Wolf Isebrand gegen die Dänen im Jahre 1500 fochten. In einer großen Schanze erwarteten sie den Angriff der Feinde, ihre Fahne hatten sie einer edlen Jungfrau, der Elfe aus dem Dorfe Oldenwörden, anvertraut und beschlossen hier zu siegen oder zu sterben. Der Kampf endete mit einer vollständigen Niederlage der Feinde, von denen 20,000 Mann erschlagen wurden oder in den Morästen, welche durch das Oeffnen der Schleusen überschwemmt waren, umkamen.

die Wogen gehen höher und das „Rollen" oder „Stampfen" des Schiffes*) beginnt stärker zu werden. Aehnlich wie beim Ausfluß der Weser in's Meer liegen auch hier an starken eisernen Ankerketten 3 Leuchtschiffe und 1 Lootsengaliot, an deren Masten Vorrichtungen für Leuchtfeuer während der Nacht angebracht sind. Zur Linken des Dampfschiffes zeigt sich sodann die große, weltbekannte rothe Tonne, welche die Stelle angiebt, wo das Wasser der Elbe aufhört und das Meer beginnt. Von jetzt an breiten sich Himmel und Wasser in ungeheuren Dimensionen vor den Blicken der Seefahrenden aus. Ist das Meer bei schönem Wetter ruhig und glatt, so geht die Fahrt ohne viele Schwierigkeiten vorüber; weht jedoch der scharfe Seewind über die weite Wasserfläche und treibt die Wellen zu unruhiger Bewegung, so daß das Schiff bald den Gipfel einer Woge erklimmt, bald in die Tiefe des Wellenthals hinabsinkt, so stellt sich gewöhnlich bei einem großen Theil der Passagiere, welche hierzu incliniren, die lästige aber keineswegs gefährliche Seekrankheit ein.

Bald kann man nun den hohen, bunten Sandsteinfelsen, oder die „rothe Klippe", wie Helgoland auch bezeichnet zu werden pflegt, immer deutlicher erkennen. Die obere breite Fläche des Felsens ist mit einer Grasdecke bewachsen, die grünlich am Rande desselben herüberschimmert; in südöstlicher Richtung vom Felsen, etwa ¼ Stunde entfernt, erhebt sich ein kleines Düneneiland von weißem Sande, so daß man also die drei Farben von Helgoland hier vereinigt findet. Ein alter Spruch sagt nämlich: „Grön is dat Land, Rhod de Kant End, witt de Sand, dat is dat Wapen von Helgoland". Ist nun der Ankerplatz des Dampfschiffes erreicht, so werden die Passagiere in einigen großen Booten an's Land

---

*) Das Rollen des Schiffes findet statt, wenn der Wind von der Rückseite kommt, das Stampfen, wenn das Schiff gegen den Wind fährt.

befördert, wofür man à Person 12 Schilling (oder 9 *gr*) zu zahlen hat. Dieser Landungsplatz befindet sich am sogenannten Unterlande des Felsens, welches aus einem flachen, dreieckigen Vorland von röthlichem Thon und Geröll besteht und dessen Umfang ungefähr 1200 Schritt bei einer Höhe von 15 Fuß über dem Meere beträgt. Hier haben alsdann die Angekommenen, Gesunde und Seekranke, bei den fröhlichen Klängen der Musik die sogen. „Lästerallee" zu passiren, aus der kein Entweichen möglich ist und die durch das Spalier der auf Helgoland befindlichen Badegäste gebildet wird. Auf diesem Unterlande des Felsens liegen ungefähr 60 Wohnhäuser, außerdem das neuerbaute Conversationshaus mit einem Schuppen, in welchen das Gepäck geschafft wird. Die besten Wohnungen sind hier die an der sogenannten Gesundheitsallee, einer Häuserreihe, welche sich auf der östlichen Seite des Unterlandes am Meere hinzieht.

Unmittelbar an dieses Vorland schließt sich der überall senkrecht empor steigende Felsen, dessen Plateau das Oberland genannt wird; letzteres hat nur ca. 4200 Schritt im Umfang und eine Höhe von 180 bis 200 Fuß, so daß sich der ganze Klippenrand in einer kleinen halben Stunde bequem umgehen läßt! Eine mit 190 Stufen versehene, mehrmals gebrochene elegante Treppe verbindet das Unterland mit dem Oberlande, auf welchem sich der größte Theil des Ortes mit ungefähr 360 Häusern, die Kirche und der Leuchtthurm befinden. Von hier aus genießt man beständig die herrlichste Aussicht auf das Meer mit den vielen vorübersegelnden und dampfenden Schiffen, den übrigen Theil der Insel und die Düne; außerdem sind auch die Wohnungen am sogen. Falm die gesundesten, indem die Seeluft hier frei von allen schädlichen Dünsten rein und voll vom Meere hereinweht. Diese Häuserreihe, welche zugleich die theuersten Wohnungen enthält, zieht sich vom Nordostpunkte der Insel bis zum Sadhorn oder Südhorn am Felsrande hin, während man in den kleinen Seitengäßchen die billigsten Wohnungen findet. Die Preise derselben variiren von 7½ bis 12½ Mark Cour. (oder 3 bis 5 ₰); für größere und elegantere Zimmer von 15 bis 30 Mark Cour. (6 bis 12 ₰ Cour.) die Woche.

Auf dem Oberlande sowohl wie auf dem Unterlande giebt es verschiedene Gasthöfe z. B. Stadt London, **Queen of England**, Mohr u. f. w. mit vortrefflicher Table d'hôte, welche um 3 Uhr beginnt; ebenso im Saale des Conversationshauses, woselbst ungefähr 300 Personen Platz finden können. (Der Preis für das Mittagsessen beträgt gewöhnlich 1 Mark 12 Schilling (oder 21 gr); im Abonnement 1½ Mark (oder 18 gr) Cour. Außerdem speist man in einigen Restaurationen, sowie in dem Pavillon auf der Düne à la carte. Für Lebensmittel ꝛc. wird durch die Verbindung mit dem Festlande in jeder Weise gesorgt, so daß man in dieser Beziehung kaum den Aufenthalt auf einer Insel empfindet.

Der übrige Theil des Oberlandes ist größtentheils mit Kartoffeln bepflanzt, zwischen welchen ein Weg hindurchführt, der den Namen „Kartoffelallee" erhalten hat. Auf der kleinen Grasweide werden einige Ziegen und eine große Anzahl Schafe gehalten.

Das Trinkwasser wird gewöhnlich in Regencisternen gesammelt, doch kann man sich auch in der Bierbrauerei für 4 Schilling (oder 3 gr) wöchentlich gutes Brunnenwasser verschaffen.

Für die Musik hat jeder Badegast 4 Mark (oder 1 ₰ 18 gr), jede Familie 6 Mark (oder 2 ₰ 12 gr) für die Kurzeit zu zahlen. (Bei ganz kurzem Aufenthalte weniger.)

(Dauer der Saison vom 15 Juni bis 1. October. Badearzt: Dr. von Aschen in Helgoland.)

Die Insel, welche früher zu Schleswig gehörte, wurde 1807 von den Engländern besetzt und denselben im Kieler Frieden 1814 von Dänemark abgetreten. Seit dieser Zeit wird Helgoland von einem Gouverneur (jetzt Oberst Maxse) verwaltet und fordert die englische Regie=

Helgoland. 59

rung von den Insulanern, die sich durch die Einnahmen während der Badezeit und durch den Fischfang ernähren, keinerlei Abgaben. Die eigentlichen Regierungsgeschäfte besorgt der Rath, welcher aus 6 Rathsherren, 8 Quartiersleuten und 16 Aeltesten besteht. Die alten friesischen Gesetze mit ihren 14 Artikeln bilden das Helgoländer Landrecht. Der Gottesdienst und der Sprachunterricht werden in hochdeutscher Sprache gehalten. Seit Anfang des Jahres 1865 ist der Pastor Hoeck (Sohn des Professors der alten Geschichte zu Göttingen) in Helgoland angestellt.

Am 9. Mai 1864 fand in der Nähe der Insel zwischen der österreichisch-preußischen und dänischen Flotte ein Seegefecht statt, nach welchem sich die Dänen in nördlicher Richtung zurückzogen und die österreichische Fregatte Schwarzenberg (unter Contre-Admiral Tegethoff) ihres in Brand gerathenen Fockmastes wegen bei Helgoland anlaufen mußte.

Von dem oberen Plateau des Felsens hat man einen ungemein weiten und großartigen Ueberblick über das Meer nach allen Himmelsrichtungen, ebenfalls von dem auf dem Oberlande nur aus Stein, Kupfer und Eisen aufgeführten, 80 Fuß hohen Leuchtthurm, dessen Feuer während der Nacht mit stetiger Flamme etwa 7 Meilen weit in See sichtbar ist. (Trinkgeld à Person 2 Schilling.)

Die Seebäder werden auf der bereits erwähnten Sanddüne genommen und müssen die Badegäste täglich mit den kleinen Segelbooten der Helgoländer übergesetzt werden. Wenn jedoch Sturmwind oder Gewitter toben, muß die Ueberfahrt nach der Düne unterbleiben; es kann alsdann nöthigenfalls der am Ende der sogenannten Bindfadenallee (auf dem Unterlande) gelegene Badeplatz benutzt werden, welcher wegen der rothen Farbe der Wellen das „rothe Meer" genannt wird, indem die an die Felsen schlagenden Wogen röthliches Steingeröll und Seetang mit sich führen; doch gehören diese Bäder keineswegs zu den angenehmen.

Die Ueberfahrt nach der Düne, welche für Hin- und Rückfahrt à Person 4 Schilling (oder 3 gr) kostet, dauert mit den kleinen Booten der Helgolander gewöhnlich nur 10 Minuten, zuweilen jedoch auch längere Zeit, und kann es vorkommen, daß die Rückfahrt bei eintretendem schlechten Wetter verzögert werden muß, zu welchem Zwecke zwei große Schuppen, mit Matratzen und wollenen Decken versehen, und ein Pavillon mit vollständiger Restauration auf der Düne angelegt sind. Eine solche Fahrt mit den Booten ist für die Badegäste, welche keine Neigung zur Seekrankheit haben, schon an sich eine herrliche Erfrischung; denen jedoch, die sehr leicht und stark zu diesem Uebel neigen, werden gerade bei lebhaftem Winde, wo die Bäder oft am schönsten sind, letztere durch dies Unwohlsein verdorben, indem alsdann das Bad mehr Schaden als Nutzen bringt.

Die eigentlichen Sturzwellen der Brandung sind an dem flachen Ufer der Düne ganz vortrefflich und kann bei der geringen Ausdehnung des Terrains die Badestelle von der Westseite nöthigenfalls leicht nach der Ostseite verlegt werden, so daß sich bei diesen Bädern fortwährend ein Wellenschlag erzielen läßt, wie man ihn anderwärts nur bei der gerade für den Strand günstigen Witterung findet. Die Badezeit dauert von 6 Uhr Morgens bis 2 Uhr Mittags, doch pflegt man auch hier die Zeit des Hochwassers vorzuziehen. Der Badeplatz an der Westseite der Düne liegt für Herren mehr südlich, während sich der Damenstrand weiter nördlich befindet. Es wird hier in ähnlichen Badekarren, wie solche bereits in dem Artikel über Norderney geschildert sind, gebadet und kostet ein einzelnes Bad 12 Schill. (oder 9 gr), ein Dutzend 8 Mark Cour. (oder 3 ℳ 6 gr).

Außerdem werden in einem Badehause auf dem Unterlande zu jeder Tageszeit warme Seebäder, ferner Regen- und Sturzbäder ꝛc. verabreicht.

Für Unterhaltung ist durch Lesezimmer im Conversationshause und Hazardspiele, ferner durch Musik, Jagden und Partien auf den Fischfang*) oder Wasserfahrten, sodann durch die Grottenbeleuchtung, welche gewöhnlich einmal während der Badezeit stattfindet, gesorgt. — Die Fahrt um die Insel, welche bei gutem Wetter in einer Stunde mit einem Boote abgemacht werden kann und für 4 Personen 1 ℳ kostet, bietet eine Menge interessanter und pittoresker Natur-Sehenswürdigkeiten. Namentlich gewähren die vielen Zerklüftungen, Einschnitte und vorspringenden Kanten und in diese Kanten eingewühlten Höhlen einen imposanten Anblick. Unter diesen Höhlen und Felsenthoren sind z. B. Jung-Gatt (dunkles Thor), Mörmers-Gatt und Hans Prale's Gatt die berühmtesten. Außerdem treten einzelne isolirte Felsmassen in seltsamen Formen hervor, welche oftmals nur die Ueberreste der bereits in's Meer gestürzten Felsenthore bilden; die bedeutendsten darunter sind Tau-Stack (zwei Stöcke), von den Fremden „Pastor und seine Frau" genannt; ferner Nadhurn-Stack (Nordhorn-Stock), welches durch den Einsturz des großen Nadhurn-Gatt im Jahre 1861 entstand. Der in früheren Jahren häufig erwähnte „Mönch von Helgoland" brach durch einen furchtbaren Sturm im Herbst des Jahres 1839 zusammen**); seit dem Ende der vierziger Jahre ist auch die äußerste Wand des daneben befindlichen „Insunken-Gatt" in's Meer hinabgestürzt. Ebenso wurde in dem Jahre 1856 der unter dem Namen „Hengist" bekannte große Steinklumpen, welcher auf mehreren Pfeilern ruhte, in's Meer gerissen.

Diese Felsenthore entstehen an der Westseite der Insel durch die eigenthümliche Schichtung des Gesteins und den zerstörenden Einfluß der Feuchtigkeit von Regen und Schnee ꝛc., indem aus den oberen Schichten größere Stücke losbröckeln und in die Tiefe hinabrollen. Auf

---

*) Ein Boot mit Zurüstung kostet 3 bis 4 ℳ Cour.
**) Nach Oetker.

diese Weise bilden sich allmälig an den Stellen, welche weit in's Meer vorspringen, ausgehöhlte Bogen, zwischen welchen, sobald sie das Niveau des Meeres erreicht haben, die Fluthen der See hindurchspülen. Ein solcher brücken= artiger Felsenbau stürzt dann mit der Zeit gewöhnlich zusammen, indem die Pfeiler bei fortdauernder Zerbröck= lung des Gesteins die obere Last nicht mehr tragen können und die Massen auseinanderbrechen, wie dies unter Anderen beim Nadhurn=Gatt der Fall gewesen ist.

Anders verhält es sich jedoch mit der Ostseite der Insel, indem hier die Steinmassen fester übereinander liegen und nicht so sehr dem scharfen Wetter ausgesetzt sind. Es werden daher weniger Theile abgerissen und die eben beschriebenen Formationen von Stöcken und Felsthoren kommen hier nicht vor.

Bedeutender dagegen sind die Verluste am Nord= falm und Nadhurn, wo die Eigenthümer des Landes, welches sich auf dieser Seite des Plateaus befindet, bei= nahe in jedem Decennium mehr oder weniger große Strecken von Grund und Boden verlieren.

Im Allgemeinen ist die ganze Westküste der Insel höher und dacht sich die Oberfläche des Felsens gegen Osten mehr ab, so daß man nach Obigem vermuthen kann, die Insel habe namentlich in westlicher Richtung in früheren Jahrhunderten eine größere Ausdehnung gehabt. Daß letztere jedoch nicht so bedeutend gewesen sei, wie auf einigen älteren Karten Helgolands angegeben ist, haben neuere wissenschaftliche Untersuchungen ergeben. Beispielsweise möge das, was Hr. Dr. Volger in seinem Werke über die orographischen und geognostischen Ver= hältnisse der Insel Helgoland auf Seite 44 sagt, hier angegeben werden: „Schließlich gedenken wir noch des Nutzens, welchen aus der geognostischen Untersuchung Helgolands die Geschichte zieht, wie Wiebel in seiner gründlichen Schrift dieses so ausgezeichnet beleuchtet hat. Wie verschwinden vor unseren Augen nun alle die fast historisch gewordenen Sagen über Helgolands ehemalige

Größe und seinen Zusammenhang mit Holstein, die Mährchen von seiner mehrmaligen Verkleinerung, welche man sogar auf Karten zu verzeichnen gewußt hat, von seinem bevorstehenden Untergange, welche bei so Manchem, der dort schöne Tage verlebte, ein Gefühl tiefer Wehmuth erregten. Es ist eine Gruppe von Berggipfeln, welche nie bedeutend ihren jetzigen Umfang überschritten haben kann. Sicher haben einst sämmtliche Klippenreihen höher geragt, sicher hat Wittekliff einst mit der Insel zusammen= gehangen — die nagenden Meeresfluthen rissen die loseren Thonschichten ein, erweiterten die bei der Hebung entstan= denen Kluftspalten und bildeten so allmälig den Nord= und Südhafen und die Gatts und Gotels zwischen den Riffen — ja das Inselplateau war sicher einst so groß als das ganze rothe Plateau bis an die rothe Südwest= kante" u. s. w. Obwohl nun die ganze Gruppe der Felsen nie eine größere Ausdehnung gehabt haben mag, so bestätigen doch die letzten Worte, sowie das, was auf Seite 24 des genannten Werkes gesagt wird, den fortschreitenden Verfall des **über dem Meere** zwischen den Kreideriffen sich erhebenden **bunten Sandstein= felsens**. Es heißt an der betreffenden Stelle:

„Zur Ebbezeit tritt rings um die Küste plötzlich ein breiter Felsensaum aus den Wellen hervor. Man kann dann rings um die Insel wandern — die Buchten sind wasserleer, die Felsenthore zugänglich, die Pfeiler und Thürme stehen auf dem Festlande. Dieser Klippensaum läuft gegen Südost, besonders aber gegen Nordwest weit in die See hinaus — bildet vor der Südwestküste einen breiten, zerrissenen Saum, einen schmaleren, gleichmäßigeren an der Nordnordostküste. Vor der Ostküste trägt er ein flaches Dreieck trockenen Landes, aus Sand und Geröllen von den Wellen angehäuft, das sogenannte Unterland, welches mit Wohnungen bedeckt ist. Dieser ganze beschriebene Klippensaum besteht aus den sub= marinen Fortsetzungen der Schichten des Felsen= eilandes, welche die See sämmtlich bis fast zu gleicher Höhe abgerissen hat, aus lauter parallelen Schichtenköpfen, und ist in der Richtung des Streichens zufolge der verschiedenen Zerstörbarkeit der einzelnen Schichten von zahllosen parallelen Furchen durchzogen, welche sich zur Fluthzeit bei stiller See selbst auf der Oberfläche des Meeres weithin nachbilden. Andere breitere Furchen, Rillen oder Gossen durchsetzen diese Parallelfurchen unter verschiedenen Winkeln; sie sind verursacht durch die Querklüfte und Verwerfungen, welche den ganzen Felsbau durchsetzen".

In Betreff des Ursprungs dieser rothen Klippe nimmt man an, daß dieselbe in Folge plutonischer Erhebungen die jüngeren Kreideformationen, welche vom Meere bedeckt, den Helgolander Felsen in elliptischen Ringen umgeben, durchbrochen habe. Es sind dies ähnliche Hebungen und Durchbrüche, wie solche bei Lüneburg und Segeberg in Holstein vorkommen, und wahrscheinlich mit dem schlesisch-niedersächsischen Flötzgebirgszuge im Zusammenhange stehen.

Nach den Beobachtungen des Hrn. Dr. Volger und den neuen Entdeckungen des Hrn. Professors E. Hallier*) ergiebt sich, daß die Insel Helgoland nebst den dieselbe umgebenden Klippen den Flötzbildungen, der Trias und der Kreide, angehören, daß aber auch die Tertiärschichten durch ein jüngeres Glied der Pliocenformation in geringer Ausdehnung vertreten sind, auf welche endlich die Bildungen der Neuzeit folgen. Keine dieser Formationen ist hier durch die vollständige Reihe ihrer Schichtengruppen repräsentirt, sondern es fehlen viele Glieder in der idealen Kette der Bildungen. Diejenigen aber, welche sich hier finden, treten theils unter ganz besonderen, eigenthümlichen Verhältnissen auf, theils sind sie im höchsten Grade merkwürdig als unerwartete Beweise ihrer Verbreitung. Das ganze untermeerische Plateau Helgolands nebst dem hochragenden Central=

---

*) Nordseestudien von Ernst Hallier. (Hamburg 1863.)

plateau der Insel selbst, erscheint als eine durch empor=
steigende Gypsmassen bewirkte Hebung verschiedener Glieder
aus der Reihe der Gebirgsbildungen. Die geognostische Bedeutung dieses Gebildes läßt sich
meistens schon durch die oberflächliche Betrachtung wahr=
nehmen — die Farbe der Hauptmasse ist ziegelroth, zum
Theil dunkelbraunroth, und wechselt in zahllosen Parallel=
schichten mit grünlich grauen Zwischenlagen, so daß die
ganze Felswand regelmäßig gebändert erscheint — das ist
bunter Sandstein; daneben findet sich Keuper, zwischen
beiden der Ceratitenkalk (Muschelkalk), aus dem das
Wittekliff bestand, welches östlich vom Helgolander Felsen
gelegen, noch im Jahre 1570 fast so hoch war, wie die
Insel selbst und damals theils Gyps, theils Kalkstein
enthielt, welche beide Felsarten von den Helgolandern hier
reichlich gebrochen und noch im 17. Jahrhundert sehr
billig verkauft wurden. Erst 1711 ward das letzte hervor=
ragende Stück der Klippe vom Meere fortgerissen.

Abgesehen von den oberhalb der Trias an anderen
Orten lagernden Flötzen, deren Vorkommen nicht un=
mittelbar zu erkennen ist, tritt die Kreideformation
bei Helgoland in ausgebreiteter Weise auf. Sie wird
repräsentirt durch zwei Bildungen, von denen die unterste
nur in beschränkter Ausdehnung aufgeschlossen ist, während
die obere sich durch Mächtigkeit und Verbreitung aus=
zeichnet. Zur ersteren Art gehört ein eigenthümliches
Gestein, welches von den Einwohnern „Töck" genannt
wird. Mit dieser Benennung werden indeß zwei Lager
bezeichnet, deren oberes später erwähnt werden wird. Die
untere Lage, der „graue Töck" ist dieselbe Thonart, welche
in England mit dem Namen Speeton clay, in Frank=
reich als Néocomien („Neocom"), und in Deutschland als
Hilsthon bezeichnet zu werden pflegt.

Auf diesen grauen Töck gleichmäßig aufgelagert
und das sogenannte Skitgat im Nordosten umgebend,
erhebt sich nun ein langgestrecktes Riff von Schichten der
oberen weißen Kreide, welches schon bei gewöhnlicher

Ebbe vom Waffer entblößt wird. Es trägt in der Nähe der Düne den Namen Kreidebrunnie und weiter gegen Nordwesten Seehundsbrunnie. Aber auch die hohe Braue, das nächstfolgende Riff, und selbst noch Pechbraue und das kleine Nordoftriff gehören derselben Bildung an, und alle zeigen dasselbe Fallen und Streichen der Schichten mit geringen Abweichungen.

Von dem „grauen Töck" muß nach den oben erwähnten Beobachtungen des Hrn. Professors Hallier der „braune Töck" unterschieden werden, welcher zwischen den Sellebrunnien und den Wittekliffsbrunnien zu Tage kommt und durch seine Einschlüsse von Pflanzenresten zu den jüngsten Tertiärschichten zu rechnen ist. —

Bis zum Jahre 1720 war die Düne mit der Ostspitze des Felsens von Helgoland durch ein Riff verbunden, welches die Insulaner „de Wall" nannten. Nach der Abtragung des Wittekliff wurde jedoch dieser Steinwall von den Fluthen durchbrochen und ist der seitdem darüber sich ergießende Meeresarm mit zahlreichen Algen und Tangen durchzogen, welche auf dem darunter sich erstreckenden Felsen wachsen und dem Wasser eine dunkle, violette Färbung geben, zur Zeit der Ebbe jedoch eine reiche Ausbeute von Seegewächsen und Seethieren gewähren.

Auf einer dieser Klippen liegt die mehrfach erwähnte Düne, deren Nordende „Olhöv", deren Südspitze „Aade" genannt wird*). Zur Sicherung dieses für Helgoland höchst wichtigen Eilandes hat man dasselbe mit einer hölzernen Schutzwehr versehen, welches um so nothwendiger ist, da diese Insel nur eine Länge von etwa 1000 Fuß bei einer Breite von 300 Fuß hat. Die einzelnen Dünenkegel erreichen eine Höhe von ca. 25 Fuß und werden sowohl durch angepflanzten Seekreuzdorn, Hippophaë

---

*) Die Helgolander pflegen sowohl die Düne, wie auch die Dünengräser, z. B. Sandhafer, kurzweg Halem (oder Helm, wie die Borkumer sagen) zu nennen.

rhamnoides, welcher sich mit seinem dichten Gestrüpp von 3 bis 5 Fuß Höhe über den südlichen Theil der Dünenhügel ausbreitet, ferner durch Sandhafer, **Ammophila arenaria**, und Sandroggen, **Elymus arenarius**, vor dem Zerstäuben des Sandes geschützt.

Auf dem Strande kommen Steingerölle, u. A. Kalkspath= und Kreidestücke des ehemaligen Wittekliffs mit Nieren von Feuerstein, außerdem in Bruchstücken von Hilsthon Belemniten und, in Schwefelkies verwandelt, mehrere Arten von Ammoniten, ferner kleinere Geschiebe von Granit und anderen Gesteinen vor. Auch auf dem Plateau des Oberlandes finden sich vier erratische Blöcke, wie solche häufig auf der norddeutschen Ebene angetroffen werden.

Die Pflanzenwelt auf dem Felsen und auf der Düne gleicht so ziemlich der der übrigen Nordsee=Inseln, doch ist dieselbe des kleineren Terrains wegen nicht so reichhaltig, und in manchen Arten sehr häufigem Wechsel unterworfen. In ornithologischer Beziehung bildet Helgoland im Frühjahr und Herbst den Ruhepunkt für die Wanderungen vieler Arten von Zugvögel, welche alsdann in großen Schwärmen ihren Weg über die Insel nehmen.

Dieser interessante und eigenthümliche, aus den Wogen des Meeres sich hoch erhebende Felsen von Helgoland geht sowohl seiner natürlichen Beschaffenheit nach, wie auch durch den zerstörenden Einfluß der Feuchtigkeit langsam seinem dereinstigen Untergange entgegen. Bis jedoch die letzten Steinmassen in Felsthore und Stöcke zerfallen, können — falls die Zerstörung keine größere Fortschritte macht wie bisher — möglicherweise noch tausende von Erdumdrehungen um die Sonne vergehen. Es ist hierbei jedoch nicht außer Acht zu lassen, daß die Sturmfluthen oftmals außergewöhnliche Vernichtungen herbeiführen und daß die Felsstücke, welche hier in die See stürzen, nicht wie bei ähnlichen Erscheinungen in den Gebirgen auf der Oberfläche erhalten bleiben, sondern von den Wogen verschlungen werden. In einer ähnlichen Gefahr befindet sich die Existenz der kleinen Sanddüne, von derem ferneren Bestehen die Zukunft des Helgoländer Seebades abhängt, denn von dem Tage an, wo eine Sturmfluth diese Sandhügel in die Tiefe des Meeres wäscht, wird die rothe Klippe veröden! —

Föhr.

An der Westküste Schleswigs liegen dem Flächeninhalt nach die bedeutendsten Inseln der Nordsee. Auf zwei derselben sind bereits seit einer Reihe von Jahren Seebadeanstalten eingerichtet, die sich auch in entfernteren Gegenden einen wohlverdienten Ruf erworben haben. Die südlichere, welche zugleich das ältere, wenn auch nicht das kräftigere Seebad besitzt, befindet sich in Wyck auf der Insel Föhr. Vom Inneren Deutschlands aus führt der Schienenweg über Hamburg, Altona*) und Rendsburg bis Husum, von wo die Verbindung mit der Insel seit dem Jahre 1855 durch ein Dampfschiff hergestellt ist. Dieser Dampfer, welcher bis zum Jahre 1864 nach dem bekannten dänischen Capitain „Hammer" benannt war, hat jetzt den Namen „Nordfriesland" erhalten.

---

*) Gasthöfe: Bahnhofs-Hôtel und Holsteinsches Haus.
Die bei den Preisen auf den Schleswigschen Inseln angegebenen Mark und Schilling Cour. sind gleich dem Hamburger Cour. Seite 52.

Nachdem die Reisenden auf der Eisenbahn von Altona über Pinneberg und Elmshorn nach Neumünster gelangt sind, verläßt der Zug die Kieler Bahn und geht nördlich weiter nach Rendsburg; von hier fährt derselbe über Owschlag nach Klosterkrug, wo die Wagen für die nach der Stadt Schleswig Reisenden gewechselt werden. Kurz davor liegen die kleinen Ortschaften Jagel in westlicher, und Oberselk in östlicher Richtung, bei welchen Orten die Oesterreicher am 3. Februar 1864 über die Dänen siegten. Etwa 2 Meilen östlich von hier liegt Eckernförde, in dessen großer Hafenbucht am 5. April 1849 die beiden großen dänischen Kriegsschiffe Christian VIII., welcher gleich darauf in die Luft flog, und die Gefion zur Uebergabe gezwungen wurden.

Sodann wendet sich die Bahn westlich, einen Theil des früheren, oft genannten Dannewerks passirend, mit dessen Demolirung am 29. Februar 1864 begonnen wurde. Es folgen ferner die Stationen Ellingstedt, Holm und Oster-Oerstedt, von wo sich die Bahn nach Husum resp. Tönningen abzweigt.

Die kleine Stadt Husum, an der Hever, ist für den Verkehr der Insulaner und Halligbewohner von besonderer Wichtigkeit. Das kleine Gasthaus von Toma war in der vollen Saison oftmals nicht ausreichend, alle Passagiere, die nach Föhr und Sylt reisen, aufzunehmen.

Von Husum kann man außerdem über das westschleswigsche Marschland mit einem Wagen in etwa 6 Stunden nach dem kleinen Hafenorte Dagebüll, und von da auf einem mit einer Kajüte versehenen Fährschiffe bei günstigem Winde in ca. einer Stunde nach dem gegenüberliegenden Flecken Wyck gelangen; doch ist die Reise mit dem Dampfschiff, welches gewöhnlich seine Fahrten am 15. Juni beginnt, bei Weitem vorzuziehen.

Die Fahrpläne des von Husum nach Föhr und Sylt fahrenden Dampfbootes werden jährlich bekannt gemacht und kann man daraus ersehen, an welchem

Tage man in Husum eintreffen muß, um darnach die Abreise von Altona festzusetzen, indem die Fahrt mit der Eisenbahn von dort bis Husum etwa 6 bis 7 Stunden dauert und die Passagiere in letzterem Orte gewöhnlich am Abend vor Abgang des Dampfers sich einzufinden genöthigt sind. Das Schiff fährt dann in 4 Stunden nach Wyck und, falls es die Fluth gestattet, an demselben Tage, sonst am folgenden nach Sylt, von wo es sodann nach Husum zurückkehrt, um am nächsten Morgen die Fahrt von Neuem zu beginnen. Das Billet zur Ueberfahrt kostet 5 Mark Cour. (oder 2 ℳ Cour.). Weder der Bahnhof noch der frühere Anlegeplatz des Dampfschiffes befinden sich unmittelbar bei der Stadt, so daß man sich am Morgen der Abfahrt nach dem Hafen hinausbegeben muß, wobei eine Besichtigung des in der Nähe liegenden Austernbassins nicht uninteressant ist.

Die Reise selbst verläuft folgendermaßen: das Dampfboot fährt aus der Hever, die Schleuse passirend, in das seichte Wattenmeer der Halligen und richtet sodann, den Cours zwischen dem Festlande und der Pohnshallig einschlagend (von welcher die eingedeichte große Insel Nordstrand westlich liegt), seinen Kiel gen Norden. Bald darauf erblickt man zur Linken des Schiffes die Hallig Nordstrandischmoor, während noch weiter im Westen die durch Deiche geschützte, etwa 1 Meile große Insel Pelworm sichtbar wird. Das Dampfboot geht nun im Fahrwasser der Strandinglei an der westlichen Küste der Hamburger Hallig vorüber. Zur Rechten des Dampfers erscheint die Hallig Habel, ferner die Hallig Gröde mit einer kleinen Kirche, dahinter Hallig Apelland, während zur Linken die kleine Behnshallig und weiter westlich die Hallig Hooge bleiben. Die nun links sich weithin erstreckende Hallig ist Langeneß, zwischen welcher und der kleinen Hallig Oland (mit 27 Häusern) das Dampfboot im Fahrwasser des Schlütt auf die große Insel Föhr zusteuert.

Letztere, sowie die Inseln Pelworm und Nordstrand, die ganz das Ansehen der Festlandsmarsch haben, unterscheiden sich sowohl durch ihre Größe, wie auch durch die Seedeiche von den sogenannten Halligen (d. h. kleine unbedeichte Inseln), deren flacher, fetter Kleiboden sich etwa 3 bis 4 Fuß über die Meeresfläche erhebt und höchstens mit Gras, welches dem wenigen Vieh der Halligbewohner zur Nahrung dient, bewachsen ist. Schutzlos ist diese ebene Fläche einer solchen Hallig dem stürmischen Meere preisgegeben und nicht selten kommt es vor, daß der ganze Ertrag dieser armseligen Wiesen von einer einzigen Sturmfluth fortgespült wird. Noch größer ist aber der Mangel an Trinkwasser auf diesen kleinen Erdschollen, indem die salzigen Wogen der See, selbst wenn eine Quelle dort existirte, alles verderben und ungenießbar machen würden; nur Regenwasser und im Winter das aus geschmolzenen Eisschollen gewonnene Wasser wird hier für den Bedarf der Menschen und Thiere gesammelt. Trotz aller dieser Entbehrungen und Gefahren, in welchen sich die Halligbewohner befinden, hängen diese Leute mit ebenso großer Liebe an ihrem heimathlichen Boden, wie die Schweizer an ihrem großartig schönen Vaterlande. Gewöhnlich gehen die jüngeren Männer der Halligen zur See und erreichen nicht selten die Befehlshaberstellen auf den Schiffen; als solche kehren sie dann auf ihr kleines Fleckchen Erde zurück, dessen Flächenraum jährlich vom Meere verkleinert wird, um hier ihre Tage zu beschließen. Die einstöckigen Wohnungen werden, um sie vor den zerstörenden Wogen sicher zu stellen, auf starken Balken, die in künstlich errichtete, etwa 18 Fuß hohe Erdhügel eingerammt werden, erbaut, und bildet der Boden unter dem Dache, wenn außergewöhnlich hohe Sturmfluthen alles Andere überschwemmen und das untere Wohngebäude umtoben, den letzten Zufluchtsort der Halligbewohner. Die Erdhügel werden Werfte genannt, weil die Erde dazu künstlich aufgeworfen ist; dieselben sind mit den darauf liegenden Häusern aus der Ferne oft nur allein sichtbar und erscheinen bei duftig blauem Wetter, wo die Farbe des Himmels und der See am Horizonte in einander verschmelzen, gleichsam in der Luft zu schweben. Alle diese eben genannten Inseln und kleinen Hallige bestehen meistens aus einem ähnlichen Marsch= oder Geest= boden wie das östlich gelegene Festland von Schleswig und tragen die unverkennbarsten Spuren, daß das Meer diese ursprünglich zusammen gehörigen Erdstücke getrennt und durchwühlt hat. Noch bis zum Jahre 1634 bildete die Insel Nordstrand ein großes, fruchtbares und stark bevölkertes Land mit 70 Kirchspielen, doch zerrissen die Sturmfluthen des genannten Jahres dieses große Land und bildeten durch Fortspülen des dazwischen liegenden Erdreiches die jetzigen Inseln Pelworm und Nordstrand mit den daneben befindlichen Halligen, bei welcher Ge= legenheit allein über 30,000 Menschen umkamen. Der= artigen Unglücksfällen sind diese Gegenden mehr oder weniger immer ausgesetzt, welches wohl hauptsächlich darin seinen Grund haben mag, daß der Strom, welcher sich durch den englischen Kanal bei jeder Fluth in die Nordsee wälzt, vereinigt mit den in diesem Meere vorherrschenden Westwinden unmittelbar und mit voller, ungehemmter Gewalt sich auf diese Küstenstrecken wirft und hier zer= störend eindringt; während eben dieser Fluthstrom, an der holländischen und hannoverschen Küste mit dem West= winde entlang getrieben, größtentheils ein allmäliges Fortschreiten dieser Sandinseln von Westen nach Osten bewirkt.

So zerstörend und furchtbar das Meer auch während der stürmischen Jahreszeit in diesen Gewässern werden kann, so ruhig pflegt im Allgemeinen während des Som= mers die Fahrt in diesem durch Sandbänke und Inseln eingeschlossenen Wattenmeere zu verlaufen. Hat das Dampfboot sich nun zwischen den Halligen durchgewunden, so erscheint die östliche Küste der Insel Föhr mit dem dicht auf dem erhöhten Ufer angebauten Flecken Wyck. Das Schiff kann hier bis unmittelbar an die Landungs=

brücke fahren und brauchen die Passagiere nicht erst auf einem Boote oder einem Wagen an's Land befördert zu werden.

Die Möglichkeit, an einer Brücke zu landen, ist zugleich ein Zeichen für die im Ganzen hier herrschende Ruhe des Meeres und des Windes. Eine Reihe von Bäumen, die sich unmittelbar vor den Häusern, am sogen. Sandwall, hinzieht, vermehrt den dieser Insel charakteristischen Eindruck, daß nämlich Föhr nur ein vom Binnenmeere rings umgebenes Stück Festland ist, welches durch die westlich davor liegenden Düneneilande Amrum und Hörnum (Südspitze Sylts) vor Wind und Wogen geschützt, ein nicht so scharf ausgeprägtes Seeklima wie die meisten anderen Nordseeinseln besitzt.

Durch den in früheren Jahren häufigen Aufenthalt des Königs von Dänemark und seines Hofes ist Wyck, welches nach dem Brande von 1857 fast ganz neu erbaut wurde und verhältnißmäßig hübsch eingerichtet ist, sehr in Aufnahme gekommen und wurde namentlich viel von Dänen besucht. Der zum Theil in holländischer Weise gebaute Flecken Wyck zählt in etwa 200 Häusern ca. 1000 Einwohner. Wohnungen findet man in den Gasthöfen von Redlefsen und Hansen, ferner im Hôtel garni Victoria und in fast sämmtlichen Häusern des Orts. Der geringste Preis beträgt für eine Stube mit Bett wöchentlich 4½ Mark Cour. oder 1 ℳ 24 *gr*, für eine Stube mit Kammer 6 Mark Cour. oder 2 ℳ 12 *gr* ꝛc.; bis zu 3 Stuben mit 3 Betten 12 Mark 12 Schilling oder 5 ℳ 1 *gr*. Der Mittagstisch kostet durchschnittlich 1 Mark 4 Schill. oder 15 *gr*; wird das Essen in's Logis gebracht, beträgt der Preis 4 Schill. oder 3 *gr* mehr. Bei den Wohnungen „am Sandwall", vor welchen sich die bereits erwähnte Allee hinzieht, hat man entweder in den kleinen Gärten oder unmittelbar am Strande viereckige Zelte errichtet, in welchen sich die Badegäste (bisher etwa 1000—1200 jährlich) den Tag über, um die Seeluft zu genießen, aufzuhalten oder auch am

Strande selbst zu lagern pflegen, welches namentlich von Familien, deren Kinder am Ufer spielen, geschieht. In dem an dieser Straße belegenen Conversationshause (mit Lesesaal) finden Abends Assembléen oder musikalische Unterhaltungen Statt. Für Musik (Nachmittags vor dem Conversationshause) hat jeder Badegast 4 Mark Cour. oder 1 ℳ 18 gr zu entrichten; eine Familie 6 Mark oder 2 ℳ 12 gr (bei kürzerem Aufenthalt weniger). Die seit dem Jahre 1819 eingerichtete Seebadeanstalt (Wilhelminenbad) liegt ungefähr 20 Minuten vom Conversationshause entfernt, am südlichen Strande der Insel (östlich für Damen, westlich für Herren). Die großen und bequem eingerichteten Badekutschen werden mit Pferden in das Meer gezogen, und nach beendigtem Bade, welches durch Aufstecken einer kleinen Fahne an der Badekarre angezeigt wird, wieder herausgezogen. Diese Art zu baden ist bei dem während des Sommers hier fast immer ruhigen Meere und seinen niedrigen Wellen, welche nur bei südlichem oder östlichen Winde einigermaßen bedeutend sind, an dieser Küste möglich; wären die Brandungswogen hier so stark wie auf Sylt oder den hannoverschen Inseln, so würden nicht allein die Badenden in Gefahr gerathen, gegen die im Wasser stehenden Karren geschleudert zu werden, sondern letztere würden auch so tief in den Sand gewühlt, daß sie so leicht nicht wieder von der Stelle geschafft werden könnten. Da dies Wasser bei Föhr eigentlich nur ein Wattenmeer ist und sich wegen der vielen Inseln, Sandbänke und des nahen Festlandes keine breiten Wasserflächen für den Druck des Windes und der Wellenbewegung bieten, auch die Einwirkung der Fluth, welche hier viel später als an der westlichen Küste von Sylt eintritt, schon mehr gebrochen wird: so bildet dieser Badeort gleichsam den Uebergang von den Ostseebädern zu denen der eigentlichen Nordsee. Die Ansicht, daß sich die Bäder bei Wyck der geschützten Lage wegen besonders zu Herbstbädern eignen, muß insofern bezweifelt werden, als die eigentliche Wirkung der Herbstbäder in einem kräftigen Wellenschlage beruht, und Bäder in ruhigem Wasser bei niedriger Temperatur durchaus nicht zu den angenehmen gehören. Ein Billet zu den Bädern am Strande von Föhr kostet 12 Schill. (oder 9 Groschen). In einem am Strandwall belegenen Badehause in Wyck werden auch Mineral- und warme Bäder verabreicht. Das an manchen Stellen mit Geröll bedeckte Ufer, hinter dessen oberem, schroff abgerissenen Rande die Gersten- und Buchweizenfelder sichtbar sind, pflegt am Nachmittage, wenn das Baden, welches unabhängig von Ebbe und Fluth des Morgens geschieht, beendigt ist, weniger besucht zu werden, indem sich das gesellige Leben meistens auf den Strand unmittelbar vor den Häusern concentrirt. Bei den Spaziergängen im Innern der Insel durch die freundlichen Dörfer glaubt man sich auf dem Festlande zu befinden, wenn nicht der gelegentliche Blick auf das Meer, welches jedoch nur von einzelnen kleinen Küstenfahrzeugen belebt ist, an die Insel erinnerte.

In nördlicher Richtung vom Strandwall gelangt man zu dem 1806 angelegten Hafen Wycks*), von wo die Seedeiche am östlichen, nördlichen und westlichen Ufer, zum Schutze des dahinter liegenden tiefen Marschlandes erbaut, beginnen. Letzteres ist meistens reiches Wiesen- und fettes Weideland, mit Gräben durchzogen, an welchen sich Kiebitze und andere Sumpfvögel aufzuhalten pflegen. Geht man auf diesen Deichen in nord-östlicher Richtung entlang, so kommt man zu den sogen. Entenkojen, in welchen unter Anderen Stockenten, Spießenten, Pfeif- und Krickenten auf ihren Zügen im Spätsommer gefangen werden. In dieser Zeit, welche ungefähr gegen

---

*) Derselbe ist einer der sichersten und besten Häfen an diesen für die Landung ungünstigen Küsten. Seine Breite beträgt etwa 60, seine Länge ca. 600 Fuß mit einem Wasserstande von 10 Fuß bei gewöhnlicher Fluth, und bietet einen Raum für ungefähr 50 größere, oder etwa 100 kleinere Fahrzeuge.

Mitte August beginnt, ist der Besuch der Vogelkojen nicht mehr gestattet, indem sich die Enten durch die Nähe der Menschen verscheuchen lassen. Eine solche Koje pflegt an einem Teiche, welcher mit dichtem Buschwerk umpflanzt und oftmals noch mit Wall und Graben umgeben ist, angelegt zu werden. Von dem Mittelpunkte dieses Teiches erstrecken sich nach verschiedenen Richtungen vier Kanäle, an deren Seiten Holzwände, hinter welchen Futter gestreut ist, coulissenartig aufgestellt sind; die Kanäle selbst, zum größten Theil mit Netzen überdeckt, werden gegen das Ende hin schmaler und laufen schließlich in eine Spitze aus, welche durch ein langes, mit hölzernen Ringen offen gehaltenes Fischnetz gebildet wird. Die wilden Enten werden nun auf ihren Wanderungen durch das freundliche Grün der obigen Anlagen herbeigezogen und von zahmen Lockenten, welche in diesen Kojen gehalten werden, in die Kanäle gelockt. Sind nun die Enten in einen solchen Kanal hineingeschwommen, so nähert sich der Wärter der Koje mit einem Rauchfaß (in welchem Torf gebrannt wird, um den Enten dadurch die Witterung von der Nähe des Menschen zu nehmen) vorsichtig dem Kanale, tritt sodann rasch hinter den Coulissen hervor und treibt die Enten, welche des darüber gespannten Netzes wegen nicht in die Höhe fliegen können, immer weiter in das enge Netz hinein, wo sie sich dicht zusammendrängen und nicht mehr entweichen können. Alsdann braucht der Wärter nur das Netz zuzuziehen, um den ganzen Schwarm darin zu fangen. Die zahmen Enten sind jedoch derartig abgerichtet, daß sie beim Beginn dieses Treibens ruhig aus dem Kanale nach dem offenen Teiche schwimmen, um demnächst neue Opfer herbeizulocken. Die in den Netzen gefangenen Thiere, unter denen sich auch manche andere Zugvögel befinden, werden getödtet, in Essig gekocht und, in Tonnen verpackt, weithin exportirt. In einer solchen Koje werden durchschnittlich über 20,000 Enten jährlich gefangen, so daß der ganze Jahresertrag der drei auf der Insel

Föhr existirenden Entenkojen etwa 60= bis 70,000 Stück beträgt. In westlicher Richtung führt ein Fahrweg von Whck mitten durch die Insel und zwar meistens auf der Grenze des Marsch= und Geestlandes. Die Ortschaften, deren die Insel 16 zählt (Whck, Boldixum, Wrixum, Oeve=num, Midlum, Alkersum, Nieblum, Mittelberg, Goting, Borgsum, Witzum, Heddehusum, Uettersum, Duntzum, Süderende und Klintum zusammen mit über 6000 Ein= wohnern), liegen häufig dicht neben einander und bilden als= dann eine fortlaufende Reihe mit Buschwerk umgebener Höfe. Die Felder auf dem Geestlande dieser Insel sind nicht wie auf dem schleswig=holsteinischen Festlande mit Wällen und Knicken eingefaßt, sondern die Aecker und Wiesen werden (wie im Innern Deutschlands) nur durch schmale Raine und Feldwege von einander getrennt. Eigenthüm= lich ist hier die Tracht der Frauen, welche das Gesicht beim Arbeiten auf dem Felde fast ganz mit Tüchern ver= hüllen, so daß nur die Augen sichtbar bleiben. Sämmt= liche Ortschaften sind in drei Kirchspiele (St. Nicolai, St. Johannis und St. Laurentii) eingepfarrt, doch liegen diese Kirchen, im altenglischen Style erbaut, nicht un= mittelbar in dem Dorfe selbst, sondern ungefähr 5 Minuten davon entfernt. Von der See aus gesehen, dienen die drei Thürme der Insel Föhr durch die Stellung derselben zu einander den Schiffern als Zeichen, welchen Cours sie steuern müssen. (Die St. Johannis=Kirche bei Nie=blum besitzt mehrere Alterthümer.) In der Nähe dieser Ortschaft, nicht weit vom südlichen Strande, liegen Hünen= gräber, die jedoch meistens schon geöffnet sind. Nord= westlich von Nieblum, bei Borgsum, erhebt sich ein Erd= wall (oder eine Schanze), die Burg genannt, wie solche sich auch auf Sylt und den ostfriesischen Inseln finden. Ganz am westlichen Ende Föhrs ist der hier an der See aufgeführte Deich durch ein Mauerwerk von Steinen geschützt, wodurch derselbe den Namen Steindamm er= halten hat. Von hieraus sind die Dünen der Südspitze

Sylts, sowie die der Insel Amrum deutlich zu erkennen. Auch kann man hier den Sonnenuntergang am Meere betrachten, welches in Wyck der östlichen Lage wegen nicht möglich ist.

Im mittlern Durchmesser hat die Insel von Süden nach Norden ungefähr 1 geographische Meile und von Osten nach Westen etwas über 1½ geographische Meilen. Die Insel wird an der Südküste von dem Seegatt, die Norderaue genannt, welche durch die Reuter- und Schmal-Tiefe mit der offenen Nordsee in Verbindung steht, begrenzt. In östlicher Richtung beträgt die Entfernung von der äußersten Spitze der Insel, Näshörn genannt, bis zur gegenüberliegenden Kooge des Festlandes nicht ganz eine geographische Meile. Zwischen der Nordostküste Föhrs und dem Festlande erstreckt sich das Fahrwasser der Föhrerlei, welches sich in nordwestlicher Richtung bis zur Föhrer-Tiefe hinzieht und ungefähr in der Entfernung einer halben geographischen Meile an der Nordküste Föhrs sich westlich bis zur Fahrtrapp- oder Vortrapp-Tiefe ausdehnt. Im Westen und Südwesten wird Föhr durch die Amrumer-Tiefe von der durch Kaninchenjagden bekannten, meist aus Sanddünen bestehenden Insel Amrum (1¼ Meile lang und ¼ Meile breit mit etwa 800 Einwohnern in 3 Dörfern) getrennt. Vor letzterer Insel zieht sich, in derselben Richtung, wie die Südspitze Sylts fortlaufend, eine Reihe großer Sandbänke hin. Auch ist die westliche Strecke vor dem Amrumer Strande bis beinahe zu den eben genannten Sandbänken, welche die Namen: Westbrandung, Jungnamen, Hörnumsand, Norderknob und Theeknob führen, ziemlich seicht, so daß hier keine solche unmittelbare Brandung wie am Sylter Weststrande stattfindet. Bei Ebbezeit kann man Amrum von Föhr aus, welches ungefähr eine halbe geographische Meile davon entfernt ist, zu Wagen oder bei sehr niedrigem Wasserstande auch wohl zu Fuße erreichen.

Während des Krieges von 1864 hatte der bereits

erwähnte Capitain Hammer eine Flotille von etwa 30 Schiffen, darunter 2 kleine Dampfer „Liimfjord" und „Auguste" (welcher vor dem Kriege als Postdampfschiff zwischen Munkmarsch auf Sylt und dem an der schles= wigschen Küste belegenen Flecken Hoyer diente), ferner 6 Ruder=Kanonenjollen, etwa 12 Zollkutter, nebst einigen Transport=Fahrzeugen und den von ihm gemachten Prisen unter seinem Befehle vereinigt, mit welchen er die west= schleswigschen Inseln und deren deutsch=gesinnte Ein= wohner belästigte. Zur Wegnahme dieser Schiffe waren am 16. Juli die österreichischen Kanonenboote „Seehund" (Fregatten=Capitain Kronswetter) und „Wall" (Lieute= nant zur See Monfroni), auf welchen 150 österreichische Jäger eingeschifft waren, so wie das preußische Kanonen= boot „Blitz" (Capitain=Lieutenant Mac Lean) von der Insel Sylt abgefahren, um in die Fahrtrapp=Tiefe zwischen Hörnum und Amrum, oder durch die Schmal=Tiefe und Norderaue direct nach Wyck zu gelangen. Das preußische Kanonenboot „Basilisk" (Capitain=Lieutenant Jung) war auf der Rhede von List an der Nordspitze Sylts zurück= geblieben, um ein Entweichen des Capitain Hammer nach Norden zu verhindern. In der Höhe von Amrum schloß sich der österreichische Raddampfer „Elisabeth" der Expe= dition an, und, nachdem die Einfahrt glücklich gefunden war, obgleich Hammer alle Zeichen entweder entfernt oder verändert hatte, langten die Schiffe um etwa 9 Uhr Morgens in der Höhe der St. Johannis=Kirche bei Nie= blum an. Um etwa 10 Uhr kam der Capitain Hammer auf dem Dampfer Liimfjord unter Parlamentairflagge zum österreichischen Fregatten=Capitain Kronswetter mit der Angabe, Nachrichten über einen Waffenstillstand er= halten zu haben. Nachdem sich dieselben durch einge= zogene Erkundigungen auf der Telegraphen=Station zu Tondern als grundlos herausgestellt hatten, wurde Hammer benachrichtigt, daß am anderen Morgen um 6 Uhr die Feindseligkeiten gegen ihn beginnen würden. In der Nacht wurden nun etwa 250 Mann Jäger und Marine=

Soldaten am Strande, südlich von Nieblum mit Booten gelandet, um von hier um 3 Uhr Morgens gegen Wyck zu marschiren, wo sie um 4 Uhr eintrafen. Unterdessen war Hammer schon auf dem „Liimfjord" zu den österreichisch=preußischen Schiffen gefahren, um Nachrichten über einen etwaigen Waffenstillstand einzuholen. Da jedoch der Adjudant beim österreichischen Obercommando, Prinz von Arenberg, keine derartige Nachrichten überbracht hatte, wurde um 6 Uhr von den alliirten Schiffen das Feuer gegen die Hammersche Flottille, welche in der Nähe Wycks lag, eröffnet. Außerdem richteten die 250 Mann Infanterie, welche auf dem nordöstlichen Deiche nach Näshörn abmarschirt waren, gegen den „Liimfjord" vom Lande aus ein ziemlich wirksames Gewehrfeuer. Nachdem das preußische Kanonenboot „Blitz" noch weiter nördlich von Wyck vorgegangen war und sein Boot einen dänischen Zollkutter, mit 2 Kanonen armirt, genommen hatte, ferner eine Brigg, ein Schooner und 2 Kutter durch die alliirte Flotte erobert waren, zog sich Hammer weiter nördlich zurück. Um demselben nun ein Entweichen an der nördlichen Küste Föhrs durch die Fahrtrapp=Tiefe unmöglich zu machen, wurde der Kriegsdampfer „Elisabeth" abgeschickt, um auch diesen Ausweg zu sperren. (Das von der englischen Corvette „Salamis" an die alliirten Schiffe abgeschickte Boot, welches des Spionirens verdächtig war, wurde zurückgewiesen.) Am 19. Juli begab sich nochmals ein Offizier als Parlamentair zum Capitain Hammer, um ihn zur Uebergabe aufzufordern; letzterer erklärte jedoch, er werde nicht eher capituliren, bis der Proviant zu Ende ginge. Inzwischen war der „Blitz" durch die Fahrtrapp= und Föhrer=Tiefe bei sehr schlechtem Wetter nach der Föhrerlei vorgedrungen, um hier Hammer aus seiner Position zu vertreiben und im Vereine mit den österreichischen Kanonenbooten, so wie einem von Husum beorderten Dampfer und zwei von Dagebüll requirirten österreichischen gezogenen Vierpfünder=Kanonen am 20. Juli anzugreifen. Am Abend des 19. kam jedoch der Capitain Hammer mit dem Lieutenant Holby an Bord des Blitz, um sich mit sämmtlichen Schiffen und Mannschaften zu ergeben. Des auf der See wüthenden Unwetters wegen konnte der von Hammer an seine Leute geschriebene Befehl der Uebergabe vom Bord des „Blitz" nicht abgehen. Dieselben warteten jedoch diese Ordre nicht ab, sondern begaben sich noch in der Nacht an Bord des „Lümfjord" nach Wyck, um sich dem österreichischen Fregatten-Capitain Kronswetter als Kriegsgefangene zu stellen.

Durch den einige Monate später (30. October) zu Wien zwischen den kriegführenden Mächten abgeschlossenen Frieden hat der König von Dänemark auch auf den östlichen Theil der Insel Föhr verzichtet, so daß dieselbe nunmehr ganz zu Schleswig gehört.

Sylt.

Die größte, interessanteste und wichtigste der schleswigschen Inseln ist Sylt, welche fast ganz von deutschen Friesen bewohnt wird, die sich schon seit Jahrhunderten einen bedeutenden Ruf als tüchtige Seefahrer erworben haben.

Um nach dieser Insel zu gelangen, fährt man am besten mit dem Dampfschiffe „Nordfriesland" (s. Seite 70) zwischen den Halligen hindurch bis zur Insel Föhr. Von hier setzt dann das Dampfboot in nördlicher Richtung durch das Fahrwasser der Föhrerlei die Fahrt bis zur östlichen Spitze der Insel Sylt, die Nösse genannt, fort. Für ein Billet von Föhr bis Sylt hat man 2½ Mark Cour. (oder 1 ℳ Cour.) zu zahlen. Der flache Strand, welcher sich vor dem hohen hügeligen Ufer der

Insel weit hinaus erstreckt, verhindert das unmittelbare Herannahen des Dampfers, weßhalb die Debarkirung in einem Boote nöthig wird, welches die Passagiere und später das Gepäck bis zur Landungsbrücke bringt. Für diese Ueberfahrt wird nichts bezahlt, dagegen hat man von der Nösse quer über das Land der Insel bis zu dem Badeorte Westerland für einen Wagen, deren immer eine Anzahl am Landungsplatze bereit stehen, ungefähr 2 ℳ Cour. zu zahlen. Diese Sylter Wagen sind offene, meist wie Jagdwagen eingerichtete, zweispännige Fuhrwerke, auf welchen vier Personen außer dem Kutscher fahren können, so daß sich demnach die Kosten für Jeden auf einen halben Thaler belaufen. Das mit dem Namen des Inhabers zu versehende Gepäck schaffen besondere Wagen von der Nösse nach Westerland zum Gasthaus „Dünenhalle", woselbst es gegen Zahlung der Transportkosten abgefordert wird.

Eine solche Fahrt von der Nösse bis Westerland dauert 2 Stunden und geht über das von Westen nach Osten sich erstreckende Mittelstück der Insel, welches aus Haideland, Wiesen und Ackerländereien besteht, durch die Ortschaften*) Groß- und Klein-Morsum — beim Morsum-Kliff vorüber — Archsum, Keitum und Tinnum nach Westerland, dem eigentlichen Badeorte der Insel, welcher bisher von etwa 600 Fremden jährlich besucht wurde.

Dieser Ort liegt fast unmittelbar hinter der hier einfachen Reihe von hohen Sanddünen, welche sich von Süden nach Norden an der Westküste längs dem Meere hinziehen, und wurde von den Bewohnern des im

---

*) Sylt zählt in drei Kirchspielen 13 Ortschaften: Klein- und Groß-Morsum, Osterende, Archsum, Keitum, Tinnum, Westerland, Wenningstedt, Kampen, Braberup, Munkmarsch, Rantum und List mit über 3000 Einwohnern. Der Flächeninhalt der Insel beträgt etwa $1\frac{1}{2}$ Quadrat-Meilen, davon sind $\frac{3}{8}$ Quadrat-Meile Dünen, $\frac{1}{4}$ Quadrat-Meile Ackerländereien, $\frac{1}{4}$ Quadrat-Meile Wiesen und $\frac{1}{4}$ Quadrat-Meile Haideländereien.

Jahre 1436 durch eine Sturmfluth untergegangenen Ortes Eidum, welcher ungefähr eine Viertelmeile südwestlich von dem jetzigen Westerland entfernt lag, erbaut. Letzteres zählt 500 Einwohner und 110 Wohnhäuser mit einer kleinen Kirche und Schule. Die größtentheils einstöckigen, mit Giebelwohnungen versehenen Häuser sind theilweise mit Rohr gedeckt, doch werden zu den neueren Bauten jetzt Dachziegel verwendet. Wohnungen erhält man zu dem Preise von 7 bis 9 Mark Cour. (oder 2 ₰ 24 gr bis 3 ₰ 18 gr), ferner Stube und Kammer zu 15 bis 20 Mark Cour. (oder 6 bis 8 ₰ Cour.). Hauptsächlich werden die Logis in der Häuserreihe unter den Dünen gesucht, indem von hier aus der Weg nach dem Strande am kürzesten ist. Außerdem liegt zwischen diesen Wohnhäusern das im Jahre 1859 gebaute zweistöckige „Strandhôtel" mit einem großen Speisesaal, welcher Abends auch zuweilen für kleine Concerte oder zum Tanzen benutzt zu werden pflegt; ferner enthält dies Gebäude ein Lesezimmer und 6 Stuben zur Aufnahme der Fremden. Die 1858 erbaute „Dünenhalle" liegt weiter östlich im Dorfe; es ist dies ein einstöckiges Gebäude mit einem daran gebauten Speisesaal und enthält außerdem 2 Lesezimmer und 1 Billardstube. Die Table d'hôte findet um 2 Uhr Statt und kostet im Abonnement (ohne Wein) à Person 1 Mark 4 Schill. Cour. (oder einen halben Thaler Cour.).

Für gutes und hinreichendes Essen ist in beiden Gasthäusern gesorgt und pflegen die Wirthe besonders auf die nach englischer Manier zubereiteten Braten Sorgfalt zu legen, indem z. B. die Fleischstücke in eigens dazu erbauten kleinen Holzgerüsten, welche der Seeluft freien Zutritt gestatten, vor dem Gebrauche aufbewahrt werden. Aehnlich wie das vortreffliche Fleisch der fetten Rinder aus den Marschgegenden ist auch die Milch, Butter u. s. w. von besonderer Güte. Seefische kommen wenig oder gar nicht auf die Speisekarte, indem die Sylter keinen Fischfang betreiben, sondern als Seefahrer

auf großen Schiffen zu fahren und häufig als Befehls=
haber derselben nach ihrer Heimath zurückzukehren pflegen.
Das Brod, welches auf der Insel gebacken wird,
ist gut und schmackhaft, und unterscheidet sich das Schwarz=
brod von dem auf den ostfriesischen Inseln dadurch, daß
es weniger Theile von Roggenkörnern enthält und mehr
dem in Deutschland gebräuchlichen ähnlich ist. Auch an
Colonial=Waaren ist kein Mangel auf Sylt, indem die=
selben von Flensburg, Altona oder Hamburg dahin be=
fördert werden. Beiläufig bemerkt, ist das Brunnenwasser
in Westerland größtentheils so rein und gut wie auf
dem Festlande, indem die Brunnen hier meistens tief sind
und das festere Erdreich das Wasser beim Durchsickern
gut filtrirt.

Die Häuser des Orts liegen gewöhnlich in einiger
Entfernung von einander, so daß, wenn nicht das Brausen
des Meeres oder des Windes auf der Insel gehört wird,
im Allgemeinen hier als Gegensatz zu dem Leben und
Treiben der Städte eine friedliche Stille herrscht. Die
Fußwege neben den mit kleinen Gärten umgebenen Häu=
sern bestehen meistens aus weichem Rasen, während die
Wege zum Strande, deren es drei giebt, in den Dünen
mit Brettern bedeckt sind. Der mittelste dieser Wege
führt zu einer Düne, auf welcher sich ein hölzerner Pa=
villon befindet, der die Inschrift „Zur Erholung" über
dem Eingange trägt. Von hieraus bietet sich eine pracht=
volle Rundschau über das weite Meer und einen großen
Theil der Insel; außerdem befindet sich hier eine gute
Restauration, in welcher man am Morgen nach dem
Bade das Frühstück, oder auch des Nachmittags den
Kaffee einzunehmen pflegt.

Der südliche der oben genannten Wege führt in
der Nähe des großen Hauses des Capt. Thiessen zum
Damenstrande; während man auf dem nördlichen Wege,
an der Nordwestspitze des Dorfs, zum Herrenstrande ge=
langt. Kleine Stäbe mit daran befestigten Schildern
dienen ebenfalls zur Orientirung. (Die mittlere Ent=

fernung vom Strande bis Westerland beträgt 1200 Schritt oder ca. eine Viertelstunde.) Bevor man die Dünen erreicht, bemerkt man lange Reihen von Erdwällen, welche meistens mit Sandhafer dicht bewachsen sind und den Zweck haben, den von den Dünen landeinwärts getriebenen Flugsand aufzusammeln und auf diese Weise neue Dünenketten zu bilden. Auch die Dünen selbst werden jährlich mit Sandhafer, welcher durch seine langen Wurzeln den geeignetsten Halt für dieselben giebt, planmäßig bepflanzt und cultivirt, indem diese Dünenreihe den einzigen Schutz der Insel gegen das von Westen heranstürmende Meer bildet.

Am Strande, welcher sich von Süden nach Norden mit etwas östlicher Richtung in einer Länge von etwa 5 Meilen erstreckt und bei Westerland die geeignetste Badestelle*) bietet, sind sowohl am Herren= wie am Damenstrande eine Anzahl hölzerner, mit Asphaltpappe gedeckter Badehäuschen aufgestellt, die sich von denen, welche auf den anderen Inseln, z. B. Norderney, im Gebrauch sind, hauptsächlich dadurch unterscheiden, daß sie nicht auf Rädern, sondern auf 2 kleinen hölzernen Walzen ruhen und je nach hohem oder niedrigen Wasserstande bei Fluth oder Ebbe auf zwei im Sande liegenden hölzernen Schienen entweder vor= oder zurückgerollt werden. Dieser Unterschied in der Stellung hat eine Länge von höchstens 18 bis 20 Fuß, und ist diese Einrichtung dadurch begründet, daß der Sylter Strand sich ein wenig stärker nach dem Meere abflacht und durchschnittlich eine unmittelbarere Brandung hat, als die übrigen Nordseeinseln. Außerdem sind nur 2 Wärter**) am Herrenstrande und 3 Wärterinnen am Damenstrande angestellt, so daß

---

*) Die Bade=Direction besteht jetzt aus den Herren A. C. Boysen, Kaufmann S. Christiansen, Capt. O. Thiessen und E. Nickelsen.
**) Einer derselben, der Photograph P. Nickelsen hat vor einigen Jahren in der Nähe des Strand=Hôtels ein zum Logiren eingerichtetes Wohnhaus erbaut.

es denselben namentlich bei stürmischem Wetter nicht möglich sein würde, die Badekarren fortwährend in der gehörigen Entfernung vom Meere zu erhalten und zugleich den übrigen Dienst wahrzunehmen; durch eine Vergrößerung des Wärterpersonals müßte wiederum der Preis der Bäder verhältnißmäßig erhöht werden. Letztere kosten pro Dutzend 5 Mark 10 Schill. Cour. (oder 2 ℳ 7½ ₰ Cour.), ein einzelnes Bad 7½ ₰. (Die Badekarten sind bei dem Kaufmann S. Christiansen und bei H. B. Jensen zu haben.) Das Badepersonal, von welchem auch Handtücher oder Laken gegen wöchentliche Vergütungen entliehen werden können, ist für die Dienstleistungen am Strande oder für das Trocknen und Aufbewahren der Laken durch Trinkgelder zu honoriren.

Zur Sicherung der Badenden hat man am Sylter Strande die Einrichtung getroffen, daß bei besonders stürmischem Wetter kleine Anker in dem Sande befestigt werden, deren Taue die Badenden mit in's Meer nehmen, um an denselben auch ohne Hülfe Anderer oder der Wärter wieder zum Strande gelangen zu können, falls bei eingetretener Ebbe die Wellen nach dem Meere hinaustreiben, oder die Wogen bei Sturm gar zu kräftig werden. Die Badezeit ist auf die Morgenstunden von 6 bis 12 Uhr Mittags festgesetzt und wird das ganze Ufer erst nach dieser Zeit wieder für Jedermann zugänglich.

Der Strand selbst, der sich den ostfriesischen Sandinseln würdig zur Seite stellen kann, bietet namentlich in südlicher Richtung von den Badeplätzen eine sehr ausgedehnte und angenehme Promenade, indem derselbe hier einen festen, ebenen Boden bildet; während der nördlich gelegene Theil, welcher in der Richtung nach dem sogenannten „Rothen Kliff" liegt, loser und beweglicher auf seiner Oberfläche ist, und durch die Fluthwellen mehrfach kleine Buchtungen erhalten hat, so daß das Gehen hier auf weitere Entfernungen ziemlich beschwerlich und ermüdend wird. (Eigenthümlich sind hier am Ufer die vielen von den Wogen auf dem Sande in wunder=

bare Formen geschliffenen, glatten und hellen Quarzstücke.) Man sieht dem ganzen Boden an, daß der Sand, welcher hier noch nicht so ganz fein zermahlen ist, von Westen herangetrieben, sich mit dem vom Meere theils schon abgerissenen, theils im Abnehmen begriffenen festen Erdreiche der Insel Sylt vermischt hat, welchen Eindruck die an vielen Stellen wieder unter dem nach Osten fortschreitenden Sande hervortretenden, schon torfartig gewordenen Gras- und Pflanzendecken des früheren Landes, noch vermehren. Welche große Massen die Brandungswogen der See zu Zeiten von dem Strande wegspülen, geht daraus hervor, daß z. B. im Winter 1825 bei Westerland ca. 160 Fuß, und im Winter 1839 vom rothen Kliff etwa 60 Fuß breit Land fortgerissen wurden. Man hat hier den Uebergangsproceß von einem Stück Festland zu einer vom Meere zerwaschenen Sandinsel vor Augen. Zum größten Theil haben die Dünen eine von Südwesten nach Nordosten in das Land sich erstreckende Richtung angenommen, in deren Schluchten der Seewind unaufhörlich den Sand weiter treibt, während die Spitzen und östlichen Abdachungen mit Sandhafer oder bei Wenningstedt an der dem Lande zugekehrten Seite mit verschiedenen Dünenpflanzen bedeckt sind. Das Terrain zwischen Westerland und Kampen steigt in wellenförmigen Erhebungen, meistens mit röthlich blühenden, duftigen Haidekräutern bewachsen, aus welchen die Bienen ihren Honig sammeln, bis zu einer Höhe von über 100 Fuß, den sogenannten Kamperhöhen beim rothen Kliff. Letzteres ist ein im Westen schroff nach dem Meere hin abfallender, hoher Hügelrücken, auf dem sich, vom Winde gethürmt, wieder kleine Dünen bilden, deren höchste etwa 160 Fuß bei Fluth und 166 Fuß bei Ebbe über dem Meere liegt. In der Richtung nach dem Dorfe Kampen flacht sich dieser Höhenzug ab, während seine westliche, am Strande ½ Meile lange, hoch und steil sich erhebende Seite, an deren Fuße sich Spuren von Braunkohlen finden, durch die mit Limonit oder

Raseneisenstein gemischte Erde eine ocherartige Färbung erhält, welche zu dem Namen „rothes Kliff" Veranlassung gegeben hat. Es ist dieser Theil des eigentlichen Landes der Insel, der sich von den am ganzen westlichen Strande hinziehenden Sanddünen durch seine festere, massigere Form und die in's Bräunliche spielende Farbe unterscheidet, weithinaus im Meere sichtbar. Zwischen dem Badestrande von Westerland und dem rothen Kliff befindet sich eine nach dem Strande führende Schlucht, welche das Riesgap oder der Friesenhafen genannt wird. Es scheint dies noch ein Theil der Heerstraße zu sein, welche nach einem jetzt bereits vom Meere überflutheten Hafenorte geführt hat; hier sollen auch **Hengist** und **Horsa** sich nach Britannien eingeschifft haben.

Auf dem Strande beim südlichen Ende des rothen Kliffs stehen ein Paar Badekarren, welche die in Wenningstedt wohnenden Fremden benutzen, indem auch dieser Ort von einzelnen Badegästen besucht wird. Derselbe hat wahrscheinlich seinen Namen von einer durch die Friesen in der Schlacht **gewonnenen Stätte** erhalten. Die Leichen der gefallenen Helden wurden verbrannt und darüber große Hügel errichtet, welche noch in ziemlicher Anzahl bei diesen Orten vorhanden sind.

Am Fuße eines dieser alten Gräber, der große Brönshügel genannt, welcher zwischen Kampen und Wenningstedt liegt, ist im Jahre 1855 ein 113 Fuß hoher Leuchtthurm (mit katadioptrischem Apparat) aus hellem Sandstein erbaut. Das Feuer desselben, welches 5 bis 6 Meilen weit über die See hinaus leuchtet, ist nach der westlichen Richtung 4 Minuten sichtbar, verschwindet alsdann durch einen mittelst Uhrwerk sich bewegenden breiten Schirm auf eine halbe Minute, leuchtet dann eine halbe Minute, wird darauf eine halbe Minute dunkel und endlich wieder vier Minuten sichtbar u. s. w. In der Richtung nach dem Lister Hafen, an der Nordostspitze der Insel ist eine breite Fläche von farbigem Glase angebracht, wodurch ein rothes Feuer als Zeichen für die

Einfahrt hergestellt wird. Von der Gallerie dieses Thurms, welcher etwa $1\frac{1}{2}$ Stunden von Westerland entfernt ist, hat man ein prachtvolles Cyklorama über die See, auf welcher jedoch nur wenige Fahrzeuge sichtbar sind, ferner über die Insel Sylt, die in der Nähe liegenden Eilande und die Küste des Festlandes. (Ein zweispänniger Wagen kostet von Westerland bis zum Leuchtthurm und rothen Kliff $22\frac{1}{2}$ *gr* Cour.)

In südöstlicher Richtung vom Leuchtthurm gelangt man über Braderup und die Braderuphaide nach Munk=marsch, dem besten Lösch= und Ladeplatze der Insel, welcher jedoch bis jetzt nur aus ein Paar Häusern besteht. Es ist hier zugleich eine Anlegebrücke für Dampfschiffe erbaut, welche unmittelbar bis an dieselbe heranfahren können. Vor dem Kriege von 1864 ging das kleine Schraubendampfschiff „Auguste" bei Fluthzeit durch die Paudertiefe, die Sandbank „Höntje" (eine sehr ergiebige Austernbank) passirend, durch die Hoyertiefe und den Hoyerkanal nach dem an der schleswigschen Küste ge=legenen Orte Hoyer (à Person 1 Mark 14 Schill. Cour. oder $22\frac{1}{2}$ *gr*). Jetzt gelangt man mit einem Fähr=schiff von Munkmarsch nach diesem Hafenorte, und kostet die Ueberfahrt à Person 1 Mark 4 Schill. Cour. oder 15 *gr* (für einen Wagen von Munkmarsch nach Wester=land hat man 1 Mark 14 Schill. Cour. oder $22\frac{1}{2}$ *gr* zu zahlen).

Von der Schleuse bei Hoyer, bei welcher das Schiff anlegt, fährt man mittelst Omnibus nach dem dortigen Gasthause von Christensen und von hier zu Wagen nach Tondern. Alsdann geht es mit der Post in 6 Stunden nach Flensburg*), und weiter mit der Eisen=bahn in der Nähe von Oeversee, wo am 6. Februar 1864

---

*) Bevor man Flensburg mit der Post erreicht, führt in der Nähe von Bau die Straße östlich über Gravenstein nach Düppel, berühmt durch die Belagerung und Einnahme der Schanzen am 18. April 1864.

die Oesterreicher über die Dänen siegten, nach Rends=
burg und Altona.

Zwischen Munkmarsch und Westerland liegt eine
Anzahl konischer Hügel, die Thinghügel genannt, bei
welchen in alten Zeiten die Thinge oder berathenden und
legislativen Versammlungen der Sylter gehalten wurden.

Die in der Umgegend angestellten Versuche mit
Baumpflanzungen scheinen des oft scharf und stürmisch
wehenden Seewindes wegen keinen rechten Erfolg zu
haben.

Südlich von Munkmarsch, am nord=östlichen hohen
Ufer des hier meist ruhigen Wattenmeers, liegt der größte
Ort der Insel Keitum. Derselbe zählt ca. 840 Ein=
wohner und 170 Wohnhäuser*). Auch befindet sich hier ein
landschaftliches Versammlungshaus, ein Postcomtoir, eine
Apotheke und eine Schule. In diesem Orte wohnt der
durch seine Schriften über Sylt berühmte Chronist C.
P. Hansen. Die Kirche liegt, wie die auf der Insel
Föhr, etwas vom Dorfe entfernt.

Keitum war während des Krieges von 1864 mehr=
fachen Streifzügen des bereits (unter Föhr Seite 79)
genannten dänischen Capitains Hammer ausgesetzt; der=
selbe ließ, nachdem ein früherer Versuch durch die Energie
der Sylter gescheitert war, am 14. Juni 1864 Dr.
Jenner (welcher jetzt als Badearzt für Westerland an=
gestellt ist), ferner Hendrichs, Simonsen, 2 Brüder
Bleiken, Prott und Hein aus Keitum überfallen und
auf dem Dampfer „Liimfjord" nach Kopenhagen schleppen,
woselbst sie in der dortigen Citadelle bis zur Unterzeich=
nung der Friedenspräliminarien eingeschlossen waren und
erst am 9. August wieder in Sylt anlangten.

Als am 12. Juli desselben Jahres einige Compagnien
des 9. österreichischen Jägerbataillons den Uebergang vom
schleswigschen Festlande nach Sylt wegen des Feuers

---

*) Groot's Hôtel, von Westerlander Badegästen häufig
besucht.

Sylt.

der Hammer'schen Schiffe nicht ausführen konnten, wurde am 13. früh der Versuch unter Leitung des ehemaligen Schiffs-Capitains Christ. Andersen aus Keitum, welcher den Oesterreichern als Lootse diente, wiederholt. Nachdem die Boote der Oesterreicher bereits die Hälfte des Weges zurückgelegt hatten, erschienen mit der eintretenden Fluth die Hammer'schen Schiffe, von Süden herandampfend, indem sie am Tage vorher aus ihrer nördlichen Position durch die inzwischen angelangte österreichisch-preußische Kanonenbootflotille vertrieben waren. Da nun die kleinen Boote der österreichischen Jäger leicht hätten durch die feindlichen Schiffe in den Grund gebohrt werden können, machte der Lootse Andersen den in dieser Lage sehr geeigneten Vorschlag, letztere in dem hier ruhigen Wasser auf eine Sandbank zu treiben und so lange zu warten, bis die Hammerschen Schiffe sich der später eintretenden Ebbe wegen wieder zurückziehen mußten. Nachdem dies ausgeführt war und die Oesterreicher drei Stunden lang auf der Sandbank zugebracht hatten, wurden die Boote von den Jägern bis zum Fahrwasser der Westerlei im vollen Trabe hinübergeschleppt. Die weitere Fahrt ging rasch und glücklich von Statten, so daß die 6. Compagnie die Küste bei Morsum, sowie die 5. und die Hälfte der 3. Compagnie zwischen 9 und 10 Uhr Morgens Keitum erreichten, woselbst die Einwohner ihre Befreier mit festlichem Jubel empfingen. Die Jäger marschirten einige Tage später nach List, um dort am Bord der Kanonenboote die fernere Expedition gegen Hammer mitzumachen (den weiteren Verlauf s. unter Föhr Seite 77 u. f.).

In dem kleinen Hafen bei Keitum liegen während des Sommers bis Anfang September eine Anzahl Segelboote, welche zum Austernfange eingerichtet sind; derselbe wird hier auf den vielen Austernbänken sehr stark betrieben und rationell cultivirt, indem z. B. die Austern nicht auf allen Bänken gleich gut gedeihen und daher die jungen Austern häufig von der einen nach der anderen

Stelle hinübergebracht werden müssen. Außerdem ist es nothwendig, die einzelnen Bänke immer gut zu conserviren, so daß eine genügende Anzahl dieser Thiere auf denselben zurückbleibt. Der Fang oder das Schraben der Austern wird durch ein starkes Messer bewerkstelligt, welches die untere Seite eines, aus eisernen Stangen bestehenden Dreiecks bildet, und die Austern von den Sandbänken, welche in der Tiefe von einigen Faden unter der Oberfläche des Meeres zu liegen pflegen, abstreicht. Dieses eiserne Instrument wird durch ein Tau mit dem über die Austernbank segelnden Schiffe weiter geführt, so daß die von der Bank abgelösten Austern in einen hinter dem Messer befindlichen, durch Ringe offen gehaltenen Sack fallen. Alsdann werden die gefangenen Austern, nachdem sie an Bord gezogen sind, ausgesucht (wobei die noch nicht vollständig ausgewachsenen Thiere wieder hinabgeworfen werden), und später in Tonnen verpackt, versendet.

Die beiden Abtheilungen der für den Austernfang angestellten Mannschaften, deren eine für Sylt, die andere für Amrum fährt, stehen unter sogenannten Vorfischern und haben ihre bestimmten Bänke, auf welchen sie die Austern fangen. Die Sylter pflegen einen jährlichen Ertrag von 12=—1300 Tonnen, jede zu 1000 Stück im Durchschnitt, zu erzielen. (Bisher wurde die Austernfischerei verpachtet.)

In geologischer Beziehung ist das östlich von Keitum gelegene Morsumkliff bemerkenswerth, indem dessen, von Südwest nach Nordost sich erstreckende und übereinander gestürzte Erdschichten zerreibliches Kaolin (Porzellanerde), Glimmer und Braunkohle (welche, mit Kiesen und anderen erdigen Theilen gemengt, auch als Alaunerde darin vorkommt), ferner limonithaltigen Sand, Sandstein und Thon enthalten. Außerdem finden sich in diesen Erdmassen viele Arten von versteinerten Conchylien, welche sammt den Braunkohlenlagern der tertiären Erdperiode angehören, so daß man annehmen kann, daß dieser Theil der Insel der bei Weitem älteste ist.

Die südlichere und flachere Küste dieses ursprünglichen Landes der Insel besteht zum Theil bei Archsum und Tinnum aus angeschwemmtem, für Ackerländereien und Wiesen sehr fruchtbaren Marschboden, der jedoch seiner niedrigen Ufer wegen am leichtesten den Ueberschwemmungen bei stürmischem Wetter aus Südosten preisgegeben ist. In der Nähe von Tinnum findet sich am Ufer des kleinen Döplemsee's ein Erdwall, welcher in früheren Kriegszeiten als befestigter Platz gedient zu haben scheint und den Namen Tinseburg oder Tinnumburg führt. Bis 1864 hatte der dänische Landvogt seinen Sitz in Tinnum, und zwar in dem östlichen Hause desselben*), während die westlichsten Gebäude sich unmittelbar an den Badeort Westerland anschließen. Zu dem Kirchspiele des letztgenannten Ortes gehört auch das, nur aus ungefähr einem halben Dutzend Häusern bestehende Dorf Rantum, welches an der östlichen Seite der von der Westküste des eigentlichen Landes der Insel Sylt sich nach Süden in der Länge von etwa 2 geographischen Meilen und einer Breite von $\frac{1}{4}$ bis $\frac{1}{2}$ geographischen Meile erstreckenden Halbinsel Hörnum angebaut ist, indem Alt=Rantum, theils von den Fluthen in's Meer gerissen, theils von den nach Osten wandernden Sanddünen verschüttet wurde.

Auf einer hohen Düne der südlichsten Spitze dieser einsamen und wilden Halbinsel, Hörnum Odde genannt, erhebt sich ein großes, schwarzes Holzgerüst, um den Seefahrer schon aus weiter Ferne vor dieser gefährlichen, oft von Sturm und Wogen umbrausten Küste zu warnen. Unmittelbar neben dieser Bake ist ein kleines, mit Theer angestrichenes Bretterhäuschen errichtet, in welchem sich ein Behälter mit Trinkwasser, etwas Schiffszwieback und eine Büchse mit Schwefelhölzern nebst Lagerstroh befinden, damit die an dieser Küste Schiff=

---

*) Jetzt ist Herr Hansen aus Wilster (in Holstein) als Landvogt für Sylt angestellt.

bruch Leidenden darinnen etwas Speise und Trank und ein provisorisches Obdach finden*).

Die Hörnumer Dünen erheben sich zu wild=grotesk geformten Hügeln, in deren Thälern, meist mit frischem Grün bewachsen, zuweilen stille und hellglänzende, kleine Seen schimmern. Auf den weiten Sandflächen findet man häufig die Fußspuren von Thieren, z. B. Möven, Regenpfeifern u. s. w., die mit ihren schrillen Lauten, falls nicht der Sturmwind oder der Brandungsdonner der See in furchtbar majestätischen Accorden Leben in diese geheimnißvolle, verlassene Welt bringen, allein die tiefe Einsamkeit und Ruhe derselben unterbrechen. Die seltsamen Rufe, welche man oft hoch oben aus der Luft erschallen hört, während man den grauen Vogel nicht von dem düstern Himmel unterscheiden kann, haben oft= mals Veranlassung zu wunderbaren Mährchen der Dünen= welt gegeben.

Eine Fahrt von Westerland nach Hörnum=Odde dauert fast einen ganzen Tag und ist es hierzu erforder= lich, sich mit Lebensmitteln zu versehen, indem man in dieser öden, menschenleeren Dünengegend weder Speise noch Trank erhalten kann. Der Wagen wird auf dieser Tour stundenweis bezahlt und kostet für ein zweispän= niges Fuhrwerk die Stunde 1 Mark 4 Schill. Cour. (oder $\frac{1}{2}$ ℳ Cour.). Die Fahrt selbst geht am östlichen Rande der schmalen Halbinsel entlang über Rantum bis ungefähr zum Ende von Hörnum, woselbst der Wagen in einem weiten Thale, dem sogenannten Kressenjacobs= thale zurückbleibt, während der übrige Theil des Weges bis zur Bake in westlicher Richtung über die Dünen zu Fuße gemacht wird. Nach dem Kressenjacobsthal hatten sich die früheren Bewohner Hörnums zurück= gezogen, nachdem ihnen die See ihre Häuser und Länd=

---

*) Eigentliche Rettungsstationen wie z. B. auf den hannover= schen Inseln sind an der schleswigschen Küste bis jetzt noch nicht angelegt.

reien zerstört und der Sand der Dünen Alles verschüttet hatte. Da dieselben jedoch zur Freibeuterei ihre Zuflucht nahmen, wurde diesem Treiben bald ein Ende gemacht.

Eine in vieler Beziehung ähnliche Dünenhalbinsel erstreckt sich vom rothen Kliff aus in nördlicher, mit etwas nach Osten abweichender Richtung bis zur Nordspitze der Insel Sylt*) dem sogenannten Ellenbogen. Derselbe zieht sich in der Länge von einer halben Meile von Westen nach Osten an dem Fahrwasser der Lister Tiefe hin und bildet gegen Norden den Schutzwall für die breite, gegen Stürme aus Nordwesten, Westen und Südwesten geschützte Bucht, den Lister Hafen, auch Königshafen genannt; derselbe hat eine Länge von 11,500 Fuß, bei einer Breite von 4380 Fuß, und steht in östlicher Richtung durch die Lister Rhede mit der, nördlich vom Ellenbogen sich nach der offenen See hinziehenden Lister Tiefe in Verbindung. Es ist dies zugleich die einzige an der Westküste der Herzogthümer Schleswig und Holstein sich findende Bucht, die einen leicht erreichbaren, von Eisgang durchaus freien, gegen die gefährlichsten Winde vollkommen sicheren Ankerplatz für eine größere Kriegsflotte darbietet und durch zwei auf den beiden Spitzen der Einfahrt zu errichtende Batterien völlig geschlossen werden kann. Der einzige Uebelstand für diesen Hafen beruht in der Möglichkeit des Versandens.

Die Lister Tiefe wird durch ausgelegte Tonnen und zwei kleine Leuchtthürme auf dem Ellenbogen den Seefahrern bezeichnet, während vom großen Leuchtthurm bei Wenningstedt, wie bereits früher erwähnt wurde, die Einfahrt durch ein rothes Glas angegeben wird.

Von Westerland ist das Dorf List, welches ungefähr aus einem Dutzend Häusern besteht und größtentheils

---

*) Nordöstlich von Sylt liegt die kleinere Dünen-Insel Romoe, welche seit dem Frieden von 1864 vollständig zu Schleswig gehört. Zwischen Romoe und der Insel Manoe liegt die neue Grenzlinie gegen Dänemark.

von dänischen Einwanderern bewohnt wird, etwa 2¼ Meilen entfernt. Die Fahrt dahin nimmt ebenso wie die nach Hörnum einen Tag in Anspruch, indem man bei Ebbezeit*) die Tour am östlichen Strande hin- und bei der nächsten Ebbe zurückzumachen pflegt. Das alsdann vom Meerwasser freie, feste und ebene Ufer bildet den besten Fahrweg für die Wagen, welche in dem losen Sande des ganz aus Dünen bestehenden Listlandes nur äußerst langsam von der Stelle kommen würden. Ein offener Wagen mit 2 Pferden für 4 Personen kostet gewöhnlich von Westerland bis List 7½ Mark Cour. (oder 3 ₰ Cour.). Die Fahrt geht beim Leuchtthurm und dem Dorfe Kampen an den östlichen, niedrigen Ausläufern des rothen Kliffs vorüber und wendet sich alsdann beim Beginn der eigentlichen Lister Dünen-Halbinsel nach dem östlichen Wattstrande, zugleich die Sylter Entenkoje, in welcher, (wie schon Seite 75 geschildert ist) die Enten gefangen werden, passirend. Auf dieser Tour ist eine Verproviantirung nicht unumgänglich nothwendig, indem man, falls die Fremdenfrequenz nicht allzu stark ist, in einem der dortigen Häuser ein einfaches Mahl erhalten kann.

Die seit dem Jahre 1857 bestehende Seebadeanstalt in Westerland wurde schon bisher vorwiegend von Deutschen besucht, während seit dem Friedensschluß von 1864 dieselbe nun vollständig zu den deutschen Nordseebädern gehört, und unter Andern wegen des ausgezeichneten Bades, des angenehmen ländlichen Lebens und der Größe dieser interessanten Insel, aller Wahrscheinlichkeit nach eine bedeutende Zukunft haben wird. —

---

*) Ebbe und Fluth treten in dem Wattenmeer zwischen der Insel und dem Festlande gewöhnlich 2 Stunden später als an der Küste von Sylt ein.

Naturgeschichtliche Uebersicht.

> Unermeßlich und unendlich,
> Glänzend, ruhig, ahnungschwer,
> Liegst du vor mir ausgebreitet,
> Altes, heil'ges, ew'ges Meer!
>
> Anastasius Grün.

Das Meer*).

Bei der allgemeinen Betrachtung unserer Erde findet sich, daß das Meer über zwei Drittel, und zwar 6,856,000 Quadrat=Meilen der ganzen Erdoberfläche einnimmt, von welchen 12,000 Quadrat=Meilen auf die Nordsee kommen.

Die Tiefe des Meeres ist noch nicht überall er= mittelt, in der Nordsee haben die neueren Untersuchungen ergeben, daß dieselbe von Süden nach Norden zunimmt und zwar an einigen Stellen von etwa 30 bis zu 140 Faden (oder 180 bis 840 Fuß). Diese großen Unterschiede finden ihre Erklärung darin, daß drei Viertel des ganzen Nordseebodens von großen Sandbänken durch= zogen werden.

Das Wasser des Meeres unterscheidet sich von dem der Flüsse und der gewöhnlichen Brunnen 2c., dem so= genannten Süßwasser, hauptsächlich durch seinen Gehalt an salzartigen Bestandtheilen, welche sich in einer Menge von 3 bis 4 Procent darin aufgelöst befinden und schon durch den Geschmack wahrgenommen werden.

---

*) Dem Zwecke dieses Buches gemäß glaubt der Verfasser hier nur das aus dem naturwissenschaftlichen Gebiete geben zu müssen, wofür ein allgemeines Interesse vorausgesetzt werden kann. Die folgenden Angaben gründen sich im Wesentlichen auf die Darstellungen neuerer Naturforscher.

Vorwiegend sind Kochsalz (etwa 2½ Procent) und salzsaure Magnesia darin enthalten, außerdem einige schwefelsaure Salze und organische Stoffe von Pflanzen und Thieren, welche namentlich zu dem leichten Schäumen des Seewassers beitragen.

Eine genauere chemische Analyse, welche durch Hrn. v. Bibra mit dem Wasser der Nordsee angestellt wurde, ergab in 100 Theilen desselben:

Chlornatrium (Kochsalz) .	2,5513
Bromnatrium	0,0373
schwefelsaures Kali	0,1529
schwefelsaurer Kalk	0,1622
schwefelsaure Magnesia .	0,0706
Chlormagnesium	0,4641
Gesammtmenge der Salze	3,4383
Wasser	96,5617
	100,0000 *)

Ueber den Ursprung dieses Salzgehaltes existiren verschiedene Erklärungen. Nach der einen sollen die Flüsse des Festlandes, welche sich in das Meer ergießen, demselben seine mineralischen Bestandtheile zuführen. Hierfür spricht der Kreislauf der aus dem Meere durch Verdunstung aufsteigenden Wassertheile, welche in der Atmosphäre Wolken bilden, sodann als Regen, Schnee u. s. w. niederschlagen, in den Boden bringen und als Quellen und Flüsse mit den im Innern der Erde durch diese Feuchtigkeit aufgelösten Salzen in den Ocean zurückkehren und die mitgeführten Bestandtheile dort ablagern. Man hat sogar berechnet, daß auf solche Weise der jetzige Salzgehalt des Meeres in ca. 16 Millionen Jahren entstanden sein würde.

Nach einer anderen Erklärung soll sich das Salz der See dadurch gebildet haben, daß in der ursprünglich glühenden

---

*) Annalen der Chemie und Pharmacie Bd. 77, S. 90, und Graham-Otto's Chemie 2. Bd., 2. Abth., S. 257.

Erdrinde flüssige Salze vorhanden gewesen seien, welche sich mit den aus der Atmosphäre niederschlagenden Wassermassen verbunden hätten. Hierfür läßt sich angeben, daß schon zur silurischen Zeit sehr viele Mollusken z. B. Trochus, Turbo, Natica, Cardium ꝛc. existirten, die sich bis zur Jetztzeit erhalten haben, und dies gewiß nicht geschehen sein würde, wenn in jener frühen Zeit das Meer ganz andere oder gar keine Salze enthalten hätte. Aller Wahrscheinlichkeit nach tragen beide Gründe zur Entstehung des Salzgehaltes im Meere bei, indem man annehmen kann, daß bei der Bildung des Erdkörpers auch der Theil, welcher jetzt von der See bedeckt ist, in ähnlicher Weise, wie die aus den Fluthen des Meeres hervorragenden Continente, große Salzlager enthalten habe, welche durch plutonische Vorgänge in die Wassermassen eingedrungen sind, und daß ferner durch die Ablagerungen aus den Flüssen dieser Salzgehalt allmälig vermehrt worden ist.

Das Vorhandensein dieser Menge von Salzen, welche jedoch nicht in allen Meeren ganz gleich ist, bewirkt auch unter Anderem, daß Seewasser erst bei einer Temperatur von 2 Grad unter Null zu frieren beginnt. Doch ist zu bemerken, daß die Nordsee wegen der fortwährenden Bewegung des Wassers niemals vom Eise bedeckt wird, wie dies z. B. auf der Ostsee in ungewöhnlich kalten Wintern schon vorgekommen ist.

Das specifische Gewicht des Nordseewassers beträgt bei 0 Grad: 1,026. Aus diesem Grunde ist das Seewasser befähigter, größere Lasten zu tragen, als Süßwasser.

Die im Ganzen ziemlich constante Temperatur des Meeres ist jedoch in einer größeren Tiefe weit niedriger als am Strande und bei letzterem ebenfalls an sehr flachen Stellen durch die größere oder geringere Einwirkung der Sonne bedingt. An sehr heißen Tagen kommt es sogar vor, daß das Wasser nahe am Strande eine Temperatur von 20 Grad und mehr erreicht.

Im Durchschnitt pflegt das Wasser in der Nähe des Ufers während des Sommers eine Temperatur von 15 Grad über Null und im Winter von 4 Grad unter Null zu haben. Doch erscheint das Seewasser während des Badens bei sonst gleicher Temperatur im Vergleich mit dem Fluß=
wasser immer wärmer als letzteres, indem der lebhafte Wellenschlag und der Salzgehalt eine demgemäße Wir=
kung ausüben.

Die über die Farbe des Seewassers angestellten Versuche haben ergeben, daß dieselbe in Wirklichkeit grün ist. Man hat nämlich durch die Seitenwand eines Schiffes eine breite Röhre bis auf den Grund desselben geleitet und zwar so, daß das Wasser nicht in die Röhre ge=
langen, die Sonnenstrahlen jedoch durch diese und eine andere daneben befindliche große Oeffnung bis auf den untersten Raum des Schiffes eindringen konnten. Diese zweite Oeffnung war mit einem starken, völlig farblosen Glase geschlossen, vor welchem sich das Meerwasser be=
fand. Fielen nun die Strahlen der Sonne durch die Röhre auf ein im Innern des Schiffes unter dieselbe gelegtes Stück Papier, so zeigte sich darauf ein zartes Roth, während der Schein, welcher von dem Seewasser durch das Glas einfiel, grün war. Außerdem gab ein Stab, der so gestellt wurde, daß ihn das Licht von beiden Oeffnungen traf, einen doppelten Schatten und zwar in der Weise, daß die Seite, auf welche das rothe Licht fiel, grün, und die andere, auf welche das grüne Licht traf, roth erschien. Dadurch war nun die Farbe ermittelt, indem roth und grün im Farben=Spectrum das reine weiße Licht geben, d. h. grün complementair zu dem rothen Farbentone ist.

Wenn nun auch Grün die eigentliche Farbe des Nordseewassers bildet, so ist die glatte Fläche des Meeres doch gewöhnlich das Spiegelbild des Sonnen= oder Mondlichtes, ferner der Farbe des Himmels und der Wolken; außerdem haben die Bestandtheile des Bodens, die in den Wogen des Meeres suspendirt sind, großen

Einfluß auf die verschiedenen Farben=Nüancirungen, so daß man zuweilen breite Ströme von klarem grünen Meerwasser dicht neben solchen mit bräunlicher oder röthlicher Färbung hinfluthen sieht.

Einen sehr schönen Anblick gewähren z. B. die Farben der brandenden Wellen am Strande, wenn die Sonne dieselben durchleuchtet und letztere dadurch in wunderbar klarem, durchsichtigen Grün sich aus der übrigen Fläche, welche die Farbe der Luft und Wolken wiederspiegelt, abheben, während der weißlich perlende Schaum der überstürzenden Wogen namentlich gegen Abend von dem röthlichen Schein der Sonne wie mit einem zarten Rosenschimmer angehaucht erscheint.

Bei den Wellen am flachen Ufer kann man, beson= ders bei hochgehender See und ruhigem Wetter (welche Erscheinung zuweilen nach einem Sturme einzutreten pflegt) folgende Arten der Bewegung unterscheiden: beim ersten Tempo sieht man in einiger Entfernung vom Strande einen Wasserwall sich erheben, dessen Kamm an verschiedenen Stellen ein Ueberspritzen einzelner Wasser= theilchen zeigt; beim zweiten Tempo stößt diese Welle mit dem vom Strande zurücklaufenden Wasser einer be= reits zerschellten Woge zusammen, wodurch erstere auf= gehalten wird, jedoch durch die nachrückende schwerere und größere Masse die Oberhand gewinnt. Es entsteht dadurch die dem Strande zugekehrte concave Fläche der Welle, wobei das Schäumen der oberen Kante stärker wird. Beim dritten Tempo stürzt dann die Woge wie ein Wasserfall im Bogen auf den Strand nieder, um beim vierten Tempo von dem jähen Sturze hochaufschäu= mend, in die Höhe zu spritzen, wieder niederzufallen und beim fünften Tempo brausend weiterzurollen, bis endlich das Ufer erreicht ist, wobei sich die erwähnten Vorgänge nach der Beschaffenheit des Strandes in kleinerem oder größeren Maßstabe zu wiederholen pflegen.

Obwohl die Reihenfolge dieser einzelnen Bewegungen dieselbe bleibt, so fallen doch z. B. bei niedrigen Wellen häufig das eine und das andere Tempo mit dem folgenden der Zeit nach zusammen.

In stürmisch bewegter See kommen selten zwei gleich hohe Wellen dicht hinter einander, indem gewöhnlich ein oder zwei niedrige dazwischen liegen; ferner bilden sich auf den großen Wellen oftmals kleinere, und holen sich die einzelnen Wogen auch von den Seiten her ein, so daß dadurch eine bedeutende Mannigfaltigkeit entsteht. Bei mäßigem Winde und nicht allzustarken Brandungswellen (deren Höhe, von der Tiefe zwischen zwei Wellen bis zur Spitze gerechnet, etwa drei bis höchstens vier Fuß beträgt, während dieselben bei Sturm eine Höhe von etwa 12 Fuß erreichen) ist es für den Badenden am besten, das zweite Tempo der Welle abzuwarten, um, mit dem Rücken der Woge zugekehrt, im dritten Tempo den Sturz des schäumenden Wassers aufzufangen. Weht jedoch ein heftiger Wind und treibt die Wellen sehr hoch, so daß man durch die Gewalt derselben auf den Strand geschleudert werden würde, so begnügt man sich gewöhnlich mit dem vierten oder auch mit dem fünften Tempo, je nachdem man vom Strande aus in die Brandung vordringen kann. Beiläufig bemerkt, pflegt man beim ersten Bade nicht mehr als drei oder höchstens vier Wellen zu nehmen.

Ueber den Gebrauch und die Wirkung der Seebäder giebt die von Herrn Sanitätsrath Dr. M. Flügge verfaßte, sehr empfehlenswerthe Schrift: Verhaltungsregeln beim Gebrauch der Seebäder, nähere Auskunft (Hannover, bei Schmorl & von Seefeld, Preis 8 *gr*).

Die Wellenbewegung selbst entsteht dadurch, daß eine in Bewegung gesetzte Luftmasse einen Druck auf die Oberfläche des darunter befindlichen Wassers ausübt, welches sich demzufolge hier vertieft und die auf solche Weise verdrängte Wassermenge weiter wälzt, so daß ringsherum eine Erhöhung entsteht. Alsbald wirkt die Schwerkraft auf die einzelnen Wassertheilchen, um die horizontale Ebene wieder herzustellen;

da die Theile jedoch unter sich keinen festen Zusammenhang haben, und der sie niederziehenden Kraft keinen Widerstand entgegensetzen können, so sinken sie herab und pflanzen den auf sie ausgeübten Druck nach allen Seiten weiter fort. Hierdurch wird eine neue Vertiefung und ein neuer Wasserwall gebildet, während hinter diesem eine ähnliche Erhebung entsteht, welche der ersten Welle nachfolgt, worauf an dem Anfangs=Punkte ein neuer Wasserwall sich bildet u. s. w.

Die auffallendste Erscheinung in der Bewegung des Meeres wird durch Ebbe und Fluth hervorgebracht.

Der Eintritt der Ebbe zeigt sich nämlich durch ein fortwährendes, im Anfange rasches, dann immer langsameres Sinken des Wassers, welches nach etwa $6\frac{1}{4}$ Stunden seinen tiefsten Standpunkt erreicht hat, wobei ganze Strecken des Strandes und des Watts trocken gelegt werden. Sodann beginnt das Wasser erst allmälig, dann aber schneller zu steigen, so daß nach ca. $6\frac{1}{4}$ Stunden von der tiefsten Ebbe an gerechnet, wieder Hochwasser eingetreten ist.*)

Dieses wunderbar erscheinende Phänomen hat durch das Gravitationsgesetz, welches von Newton entdeckt wurde, seine Erklärung gefunden und ist durch den Erfolg der nach dieser Theorie aufgestellten Berechnungen die Richtigkeit bewiesen.

Demgemäß übt der unserer Erde am nächsten stehende Weltkörper, welchen wir Mond nennen, vermöge seiner Schwere eine Anziehung sowohl auf das leicht be=

---

*) Die Strecken zwischen den Inseln, durch welche Ebbe und Fluth nach und vom Watt aus= oder eintreten, werden im Allgemeinen „Seegate", in einigen Gegenden „Deeps", „Tiefen", oder „Balje" genannt; während die tieferen Stellen im Watt, die sich zuerst wieder zur Fluthzeit mit Wasser füllen, die Bezeichnung „Prielen" erhalten haben. Mit dem Namen „Watten" werden die seichten Strecken an der deutschen Nordseeküste bezeichnet, welche sich zwischen dem Fest= lande und den vorliegenden Inseln hinziehen und bei der Ebbe ganz oder theilweise vom Meere verlassen sind.

wegliche Meer, wie auch auf die Erde selbst aus, und werden dabei die näheren Punkte derselben von dem Monde stärker angezogen als die entfernteren. Wenn man nun annimmt, die Erde sei ringsum vom Wasser umgeben, so werden also die Wassermassen, welche den Mond im Zenith haben, durch diesen mit einer gewissen Stärke angezogen; weniger stark wird der Erdmittelpunkt angezogen, und am wenigsten die Wassermassen auf derjenigen Seite der Erde, welche von dem Monde abgewandt ist. Die Folge davon wird sein, daß das Wasser auf der dem Monde zugewandten Erdseite um Etwas im Vergleich mit dem Erdmittelpunkt vorauseilt, dagegen das Wasser auf der dem Monde abgewandten Erdseite um Etwas gegen den Erdmittelpunkt zurückbleibt. Es muß also an den beiden hier bezeichneten Stellen das Niveau des Wassers mehr als gewöhnlich sich vom Erdmittelpunkt entfernen, d. h. Hochwasser eintreten; während auf der ganzen Peripherie der Erde, welche den Mond im Horizonte hat, das Niveau unter das gewöhnliche herabsinkt, d. h. Niedrigwasser entsteht.

Dadurch, daß die Erde binnen 24 Stunden sich einmal um ihre Axe dreht, rücken die Stellen, welche Hoch- und Niedrigwasser haben, nach und nach von Osten nach Westen weiter, und es folgt daraus, daß an einem und demselben Punkte der Erde täglich zweimal Fluth und Ebbe stattfinden wird, indem der Mond der Reihe nach über sämmtlichen Meridianen culminirt.

Da ferner der Mond in seiner Bahn am Fixsternhimmel täglich um etwa 13 Grad nach Osten zurückbleibt, so erfolgt seine Culmination an jedem Punkte der Erde täglich um etwa 50 Minuten später. Dieselbe Verspätung tritt aber auch von Tage zu Tage bei der wiederkehrenden Fluth und Ebbe ein, so daß z. B., wenn an irgend einem Tage die Fluth um 10 Uhr Morgens beginnt, sie am folgenden Tage erst um 10 Uhr 50 Minuten stattfindet.

Diese Erscheinung wird nun sehr erheblich durch

den Einfluß und die Gestalt der Continente modificirt, welche den Wassermassen sich in den Weg stellen und sie dadurch verhindern, der Anziehung des Mondes direct zu folgen. So muß insbesondere, da die Fluth, wie oben erwähnt, von Ost nach West fortschreitet, an den Westküsten aller großen Continente eine merkliche Verspätung der Fluth im Vergleich mit der Culminationszeit des Mondes eintreten, da die Fluthwelle nur auf einem Umwege dahin gelangen kann. Die Fluthschwingungen der Nordsee kommen aus dem indischen Ocean; aber die Fluthwelle ist wegen der dazwischen liegenden Continente genöthigt um das Cap der guten Hoffnung und durch den Atlantischen Ocean sich fortzupflanzen, bevor sie theils durch den britischen Canal, theils um die Nordspitze Schottlands sich in die Nordsee ergießen kann. Man nimmt an, daß auf diesem Wege etwa $2\frac{1}{2}$ Tage verloren gehen.

Außer dem Monde übt auch die Sonne eine Attraction auf die Wassermassen der Erde aus, deren Einfluß auf Ebbe und Fluth jedoch der großen Entfernung wegen viel geringer ist. Zur Zeit der Syzygien oder des Voll- und Neumondes trifft diese Anziehungskraft der Sonne mit der des Mondes zusammen, demzufolge während dieses Zeitraums höhere Fluth (sogenannte Springfluth) und tiefere Ebbe als gewöhnlich stattfindet. Stehen jedoch Sonne und Mond in einem Winkel von 90 Grad, also beim ersten und letzten Viertel, so wirken sich beide entgegen und es tritt alsdann niedrigere Fluth und höhere Ebbe als im Durchschnitt ein.

Auch die Erdnähe und Erdferne des Mondes, sowie die Sonnennähe und Sonnenferne haben Einfluß auf die Veränderlichkeit von Ebbe und Fluth, der jedoch wenig erheblich ist.

Die Nordsee wird ferner durch die verschiedenen und veränderlichen Strömungen in fortwährender Bewegung erhalten. Weht der Sturmwind von Norden oder Nordwesten über Island oder die Insel Jan Mayen, so bringt aus diesen Regionen zwischen Norwegen und Schottland ein starker Strom mit großer Geschwindigkeit bis in die Richtung von Helgoland herab. — Aus Nordosten strömt durch das Skagerrack vom Becken der Ostsee das überschüssige Wasser, welches derselben durch die Flüsse in größeren Quantitäten zugeführt wird, als sie durch Verdunstung wieder auszugleichen im Stande ist, in die Nordsee. — Vorherrschend weht jedoch über die grau=grünen Wogen des deutschen Meeres der Süd=westwind. Aus derselben Richtung durch den Kanal zwischen Großbritannien und Frankreich wälzt sich die Fluth aus dem Atlantischen Oceane, mit welcher sich ein anderer Fluthstrom, von der Nordspitze Schottlands herabkommend vereinigt und bringt sodann, an der Nordseite der hannoverschen Inseln vorüber, gegen die schleswigschen Küstenstrecken. Aus den zuletzt angeführten Gründen haben die Strömungen der Nordsee vorwiegend die Richtung von Südwest nach Nordost angenommen.

Das Klima.

Die große Fläche des Meeres theilt der darauf ruhenden Luft Eigenschaften mit, durch welche sich dieselbe von der Landluft bedeutend unterscheidet. Besonders ist es die große Feuchtigkeit, welche schon beim Einathmen wahrnehmbar ist und sich ebenfalls in starker Thaubildung zeigt. Nach den mit der Luft auf den Nordseeinseln angestellten wissenschaftlichen Untersuchungen hat sich ergeben, daß die Luft am Meeresstrande etwa um ein Drittel reicher an Wassertheilchen ist, als im Innern Deutschlands.

Außerdem enthält die Seeluft eine ganz specifische Beimischung von Chlornatrium (Kochsalz), welches früher vielfach bestritten wurde, jetzt jedoch als bewiesen angenommen werden kann, indem sich Kochsalz durch Ver=

Das Klima.

mittlung des Wassers besonders leicht mit der Atmosphäre vereinigt. Diese Vereinigung wird beim Meere durch die großen Verdunstungsflächen desselben und durch die fortwährend aufsteigenden lösenden Wassertheilchen unterstützt.

In dem von Hrn. Sanitätsrath Dr. Riefkohl verfaßten Buche über die Insel Norderney theilt derselbe (Seite 19) mit, daß Glasplatten, welche in klaren Nächten der Nachtluft ausgesetzt waren, unter dem Mikroscope deutlich würfelförmige Krystalle zeigten, nachdem die kleinen Thautropfen, die sich gebildet hatten, verdunstet waren. Auch ist von demselben die Gegenwart des Kochsalzes auf chemischem Wege dadurch ermittelt, daß er in einem Aspirator mehrere Cubikfuß Luft am Strande bei ruhigem hellen Herbstwetter durch eine kleine Menge ($1\frac{1}{2}$ Unzen) destillirten Wassers langsam durchstreichen ließ und dann mit einer Höllensteinlösung deutlich die Reaction auf Chlor erhielt.

Durch heftige Stürme werden ebenfalls, jedoch auf mechanischem Wege, Wassertheilchen des salzigen Meeres in der Luft mit fortgerissen, die dann durch ihre chemische Beschaffenheit der Vegetation schädlich werden.

Endlich macht die große Reinheit und Frische der Seeluft die Respiration leichter und freier, welches man unmittelbar empfindet, sobald man sich auf dem Meere selbst oder am Strande befindet, indem diese herrliche Luft weder durch Staub, Rauch, noch sonstige schädliche Beimischungen verdorben wird.

Eine besondere Eigenthümlichkeit der Seeluft, welche durch den Einfluß des Meeres hervorgebracht wird, besteht in der gleichmäßigen Temperatur, welche kühlere Sommer und verhältnißmäßig wärmere Winter als auf dem Festlande zur Folge hat. Man bezeichnet diese Unterschiede mit dem Namen „See= und Land=Klima". Der Grund dieser Erscheinung liegt darin, daß das feste Land die Wärme sowohl leichter absorbirt als auch ausstrahlt und dadurch schneller wieder erkaltet, dafür sich aber im Sommer früher erwärmt als das Meer. Die See ist dagegen überall von gleichförmiger Natur und wird wegen ihrer Durchsichtigkeit und der bedeutenden specifischen Wärme des Wassers nicht so schnell erwärmt, verliert dann aber die einmal erlangte Wärme auch nicht so rasch wieder als das Land*).

Aus der eben angeführten verschiedenartigen Erwärmung des Landes und des Meeres entstehen die regelmäßigen Land= und Seewinde. Wird z. B. eine Insel während eines Tages, an welchem keine sonstige Luftströmungen stattfinden, von der Sonne beschienen, so nimmt sie die Strahlen derselben auf und erwärmt die über ihr stehende Luftschicht, welche dann, leichter als die umgebende Luft, sich erhebt, während in die unteren luftverdünnten Schichten die Luft vom Meere, oder der Seewind, nach dem Lande strömt.

Dieser Seewind ist früh Morgens schwach und nur an den Küsten selbst fühlbar, später nimmt er zu und zeigt sich auf dem Meere schon in größerer Entfernung von der Küste; zwischen 2 und 3 Uhr Nachmittags wird er am stärksten und nimmt dann wieder ab, indem nämlich während der Dauer des Tages das Meer allmälig erwärmt ist und einen solchen Wärmegrad erreicht, welcher dem schon gegen Abend kälter werdenden Lande gleichkommt; es tritt nun, bei völligem Gleichgewicht der Temperatur, Windstille ein.

Nach dem Verschwinden der Sonne kühlt sich das Land schneller ab als das Meer, und ist alsdann die

---

*) Die Thatsache, daß das Meer die einmal erlangte Wärme nicht so rasch wieder verliert, trägt mit dazu bei, daß man im Meerwasser zu einer späteren Jahreszeit baden kann als im Flußwasser, wozu jedoch auch der Salzgehalt und die Wellenbewegung wesentlich mitwirken.

In Betreff der Seereisen oder Fahrten auf dem Meere ist zu berücksichtigen, daß die Temperatur auf den weiten Wasserflächen niedriger ist als auf dem Lande und erscheint es daher gerathen, sich mit der Kleidung darnach einzurichten.

Das Klima.

Luft über der See wärmer als über der Insel, weßhalb die kühlere Luft vom Lande sich in die unteren Luftregionen über der See ergießt, wodurch der Landwind entsteht.

Wie bereits Seite 108 erwähnt wurde, sind die Westwinde an diesen Küstenstrecken der Nordsee vorherrschend und bringen zuweilen die Fluthströmungen, welche aus nördlicher Richtung zwischen Schottland und Norwegen bis nach Helgoland herabbringen, Störungen in die sonst gleichmäßige Temperatur des Meeres, welche außerdem auch durch die Nähe des auf die Westküste von Irland und Norwegen stoßenden Golfstromes etwas beeinflußt wird.

Wirkliche Stürme sind während der Sommermonate äußerst selten; es tritt gewöhnlich nur für einige Tage stürmisches Wetter ein, welches jedoch den Aequinoctial- oder auch den November-Stürmen in der Regel nicht gleichkommt.

Häufiger dagegen stellen sich Gewitter an schwülen und heißen Sommertagen ein, bei welchen jedoch das Einschlagen des Blitzes auf den Inseln zu den Seltenheiten gehört, indem das Meer denselben gewöhnlich ableitet. Der Anblick eines solchen Unwetters am Meeresstrande gehört zu den prachtvollsten und großartigsten Naturerscheinungen. In den meisten Fällen geht dem Gewitter eine geheimnißvolle Ruhe der Luft und des Meeres voraus, während letzteres durch die unheimliche Farbe, die, wenn die Sonne scharfe Streiflichter darauf wirft, einen noch wunderbareren Eindruck macht. Der in der Ferne dumpfrollende Donner, welcher aus der Tiefe des Meeres das Echo wachzurufen scheint, tritt im Gefolge der in der feuchten Luft etwas tief gefärbten Blitze auf. Mit zunehmender Heftigkeit des Gewitters verwandelt sich dann plötzlich die scheinbare Ruhe in einen zwar kurzen, aber oft furchtbaren Kampf der Elemente, den ein Regen bei westlichem Winde zu beschließen pflegt. —

Die Bodenbeschaffenheit.

Die kleinen Inseln der Nordseeküste bieten in ihren geologischen Verhältnissen mancherlei Bemerkenswerthes dar. Dieselben gehören ihrer Entstehung nach — wie andere Erhöhungen über der Meeresfläche — theils dem noch jetzt fortdauernden Zeitraume, dem **Alluvium**, anderntheils den älteren Anschwemmungen, dem **Diluvium**, ferner der **Tertiärformation** und dem **Flötzgebirge** an.

Zu dem Alluvium sind die feinen Niederschläge der Marschen zu rechnen, welche sich an die Geest oder an das ältere Diluvium ablagern, ferner der jüngste Meeressand und Meereskalkstein, ebenfalls Thon, Ackerkrume oder Dammerde. Hierzu gehören demnach die sämmtlichen Halligen (s. Seite 71), ferner die Insel Nordstrand und Pelworm, sodann die nördliche Hälfte der Insel Föhr und die Seemarschen der Insel Sylt. Auch der neuere Meeressand, welcher sich an der zuletzt genannten Insel bildet, sowie die Schlickmassen, die sich namentlich an den Wattstrecken der verschiedenen Inseln absetzen, sind alluvialen Ursprungs.

Das Diluvium wird hauptsächlich durch die Bestandtheile der hannoverschen Inseln und Wangeroog vertreten, indem deren feiner Sand zu den älteren Anschwemmungen des Meeres zu rechnen ist. Ebenfalls gehört ein großer Theil der älteren Dünen der Inseln Sylt, Amrum und Romoe, sowie das Geestland der Inseln Föhr und Sylt dieser Erdbildung an.

Die Tertiärformation tritt nur vereinzelt auf, indem das „Morsum=" und das „rothe Kliff" auf der Insel Sylt und der „braune Töck" auf der Insel Helgoland die Repräsentanten dieser Periode sind.

Endlich wird auch das Flötzgebirge durch die

Die Bodenbeschaffenheit.

Bildungen der Trias und der Kreide in dem Felsen der Insel Helgoland, sowie dessen submarinen Fortsetzungen vertreten (s. Seite 62 u. f.).

Bei oberflächlicher Betrachtung erscheint die Inselkette, welche sich von der niederländischen Küste bis zur Jahde erstreckt, als ein Riff*) von großen, aus dem Meere hervorragenden Sandbänken, auf welchen der Wind Hügel von etwa 20 bis 40 Fuß Höhe gebildet hat, die unter dem Namen Dünen bekannt sind. Diese kleinen Sandberge liegen jedoch nicht unmittelbar am Meere, sondern werden durch einen breiten flachen Saum von feinem Sande, welcher sich allmälig nach dem Meere abschrägt, von letzterem getrennt. Es ist dies der Strand, welcher meist aus denselben Bestandtheilen zusammengesetzt ist, wie die Dünen, während das Ufer nach dem Watt durch den bereits erwähnten Schlick verändert wird. Eine auffallende Eigenthümlichkeit des Meersandes besteht darin, daß derselbe, sobald das Wasser abgeflossen ist, auf der Stelle eben und fest wird, und zwar desto fester, je feiner die einzelnen Sandkörnchen sind, so daß der darüber schreitende Fuß kaum eine Spur darin zurückläßt. Anders verhält es sich mit dem Sande, über welchen sich nur die höchsten Sturmfluthen ergießen, indem derselbe lose und beweglich ist und das Gehen sehr erschwert.

Die Anfänge der Dünenbildung kann man in kleinem Maßstabe häufig in der Nähe des Strandes beobachten, indem sich der vom Winde getriebene Sand, welcher sich oftmals in langen Zügen gemäß seiner Feuchtigkeit und Schwere dicht über den Strand weht, hinter einzelnen Pflanzen lagert. Diese Erhöhungen wachsen, falls sie nicht wieder durch Sturm oder Wogendrang zerstört werden, durch hinzukommenden Sand immer höher

---

*) Riff heißt eine lange schmale Bank in der See, die man, je nach der Beschaffenheit ihres Bodens, ein Sand-, Stein- oder Felsenriff nennt.

an; es bildet sich dann im Laufe der Zeiten aus den dazwischen gewehten Samenkörnern der Pflanzen eine neue Vegetation, deren weitverzweigte, tief eindringende Wurzeln dem Ganzen einen größeren Halt geben. Die Insulaner machen sich diese Erfahrung zu nutze, indem sie, um das Zerstäuben der Dünen zu hindern, dieselben systematisch bepflanzen und möglichst cultiviren. Durch chemische Untersuchungen hat sich ergeben, daß älterer Dünensand kalkhaltige Bestandtheile verliert und in Folge davon der Sandhafer nicht mehr so gut darauf gedeiht. Nach einer Analyse*), welche Herr Professor Wicke in Göttingen mit älterem und neueren Dünensande anstellen ließ, enthielt:

	Alter Dünensand:	Neuer Dünensand:
Kieselsäure	96,03	96,41
Eisenoxyd und Thonerde	3,16	1,60
Kalk	—	0,71
Magnesia	0,31	0,37
Kali	0,89	0,73
Natron	0,35	0,34
	100,74	100,16

Gewöhnlich treibt der Wind neuen Flugsand auf die Dünen, die mit ihren nach dem Meere steilen Abhängen, dem wild und struppig darauf wachsenden Sandhafer und den daneben liegenden Thälern und Schluchten (welche sich hauptsächlich in der Richtung des vorherrschenden Windes bilden), einen seltsamen und oft malerischen Anblick gewähren. Auf einigen Inseln, z. B. Juist, Norderney, Baltrum und Langeoog kommen einzelne völlig unbewachsene hohe Dünen vor, welche unter dem Namen „weiße Dünen" bekannt sind und niemals eine Spur von Pflanzenwuchs zeigen, indem der Wind fortwährend an diesen Stellen zerstäubend einwirkt. Bei

---

*) Aus der Zeitschrift: die Natur, Nr. 31 (1864).

Die Bodenbeschaffenheit.

der Cultur der Dünen pflegen dieselben gewöhnlich nach dem Strande abgeschrägt und in Fünfform (oder in's Kreuz) mit Sandhafer bepflanzt zu werden. Der Boden, auf welchem die Dünen lagern, kommt, wenn dieselben landeinwärts getrieben werden, wieder zu Tage und besteht meistens aus „Darg", einer torfartig gewordenen Schicht der früheren Pflanzendecke, in welcher sich z. B. auf den ostfriesischen Inseln zuweilen noch deutliche Ueberreste von Rohr und Schilf befinden. An der Westküste von Sylt wird ebenfalls eine torfartige Masse gefunden, welche, „Seetorf" oder „Tuul" genannt, oftmals Ueberreste von Eichenwaldungen 2c. enthält.

Dieser dargige Untergrund hat an manchen Stellen durch Ansammlung von Feuchtigkeit den Boden versumpft, wobei sich in einiger Tiefe (namentlich auf den ostfriesischen Inseln) der sogenannte Knick bildet, welcher nach einer unter Leitung des Herrn Professors Wicke vorgenommenen Analyse folgende Zusammensetzung hat:

Kieselsäure (Sand) . . .	88,98 Proc.
Thonerde	4,36 „
Eisenoxyd	1,23 „
Kohlensaurer Kalk . . .	1,18 „
Magnesia	0,27 „
Kali	1,40 „
Natron	0,90 „
Glühverlust	3,03 „
	101,35 Proc.

Das übrige Terrain der ostfriesischen Inseln, welches von den Dünenketten, deren Thäler theils aus trockenem Sande, theils aus Dargboden bestehen, allmälig in den dem festen Lande zugekehrten Wattgrund übergeht, enthält außerdem noch leichten Marsch=, Moor= und Kleiboden, welcher dem Alluvium angehört.

Einige der schleswigschen Inseln, welche Theile eines vom Meere zerrissenen Festlandes bilden, sind, wie z. B. Pelworm, Nordstrand und die nördliche Hälfte

Föhrs (ferner die kleine Insel Neuwerk) durch Deiche gegen die stürmischen Fluthen des Meeres geschützt. Diese Deiche, welche ebenfalls an den ganzen Küstenstrecken von den Niederlanden bis nach Jütland angelegt sind, haben gewöhnlich eine Breite von 20 bis 24 Fuß bei einer Höhe von 14 bis 16 Fuß und enthalten im Innern große Massen von Pfahlwerk, welche ihnen einen stärkeren Halt gegen das Meer verschaffen. Die schrägen Abdachungen der Deiche werden nach der Seeseite mit einem dichten Netz von Strohgeflecht umstrickt, das fest in den Kleiboden eingepflöckt wird. Nach der Landseite sind dieselben meist mit Gras bewachsen, während die Oberfläche als Fahrweg benutzt wird. Am Fuße der Deiche werden oftmals Zäune von Flechtwerk eingerammt, die weit hinaus in den grauen Schlick laufen, um als Vorposten gegen den ersten Anprall der Wogen zu dienen. Nur, wenn außergewöhnlich hohe Fluthen unausgesetzt gegen diese Erdwälle stürmen, kommt es vor, daß dieselben durchbrochen werden.

An diesen durch Menschenhände aufgeführten Bollwerken gegen die See sind am Festlande S i e l e angebracht, welche dazu dienen, das Wasser vom Binnenlande in das Wattenmeer abfließen zu lassen. Das durch Flüsse oder durch die Siele in's Meer gelangende Wasser enthält gewöhnlich Bestandtheile des Bodens, über welchen es fließt (z. B. Kalk, Thon, Sand ꝛc.), die sich alsdann bei der Vereinigung des süßen Wassers mit dem salzigen Seewasser in Folge der Schwere und chemischen Einwirkung zu Boden senken. Dieser schlammige Niederschlag, welcher S c h l i c k genannt wird, setzt sich an einigen geschützten Stellen der Küste immer höher an, wird schließlich eingedeicht und bildet dann die Marschländer, welche unter dem Namen „Polder" oder „Kooge" ihrer üppigen Vegetation wegen berühmt sind. Das Wort Koog, welches namentlich an der westschleswigschen Küste üblich ist, stammt aus dem Holländischen und bezeichnet ein niedriges Sumpfland.

Die Bodenbeschaffenheit.

Auf ähnliche Weise wie die Schlickablagerungen am Festlande sind auch die **Kleilager** auf den Inseln entstanden, indem hier ebenfalls die schweren Stoffe aus dem ruhigen Wasser zu Boden gesenkt wurden, die sich alsdann nach und nach über die Oberfläche des Meeres erhoben und leichtes Marschland gebildet haben. — Als ein fremdartiger Gegenstand, welcher sich auf mehreren Inseln wie auch am Ufer des Festlandes findet, ist schließlich ein fossiles Harz, der Bernstein zu erwähnen. Bekanntlich gehört dasselbe Bäumen der Tertiärformation an, während dessen Vorkommen in der Nordsee von zufälligen Anschwemmungen abhängig ist.

Die Pflanzenwelt.

Die Vegetation auf diesen flachen Eilanden ist in mannigfacher Weise von der des Festlandes verschieden, indem z. B. die Waldungen fehlen, dagegen die salzliebenden Pflanzen häufig vorkommen, ferner die Gewächse meistens niedrig bleiben und fast sämmtlich blasser gefärbt erscheinen als ihre verwandten Arten auf dem Festlande.

Die oberen Flächen der Dünen der durch diese Sandhügel geschützten Inseln sind mit dem mehrfach erwähnten Sandhafer, **Ammophila arenaria**, bewachsen, welcher durch seine runden, mit stacheliger Spitze versehenen, bleichgrünen Blätter und dichten Aehren leicht erkennbar ist. Weniger häufig wird **Ammophila baltica** und **Elymus arenarius**, das Sandhaargras angetroffen. Letzteres ist durch seine breiteren, schilfartigen Blätter von Obigen unterschieden, und findet sich ebenfalls auf allen Sandinseln, nur nicht in so großer Menge. Zu einer der besten Befestigungspflanzen der Dünen gehört der Seekreuzdorn, **Hippophaë rhamnoides**, der durch seine, auf Borkum in ansehnlicher Höhe wachsenden vieläftigen

Pflanzen sich ganz besonders zu diesem Zwecke auch auf anderen Inseln eignen würde, indem derselbe dem treibenden Sande genügende Anhaltspunkte zum Ansammeln bietet und z. B. auf der Helgolander Düne bereits mit Erfolg angepflanzt ist. An den dem Lande zugekehrten Abhängen der Dünen wächst ein ähnlicher Strauch, der sich in geringer Höhe ausbreitet, es ist dies die silberfarbige Dünenweide, Salix repens var. argentea. Auch die kleine Bibernellblättrige Rose, Rosa pimpinellifolia, schmückt mit ihren zarten Blüthen die Dünen von Norderney, Spiekeroog und Sylt. Eine ganz besondere Dünenpflanze, die ihrer Eigenthümlichkeit wegen von den Fremden häufig mitgenommen wird, alsdann jedoch bald ihre zarte, weißlich graue Farbe, mit amethystblauem Anfluge und stahlblauen Blüthen verliert, ist die starre, stachelige Meer-Mannstreu, Eryngium maritimum. Dieselbe wird auf Norderney, wo sie unter dem Namen „weiße Distel" bekannt ist, ferner auf Spiekeroog und am Lister Hafen an der Nordspitze Sylts gefunden. Außerdem gewähren einige Arten Seggen, darunter die sehr verbreitete Carex arenaria durch ihre langen Wurzeln den Dünen besonderen Schutz; ebenfalls verschiedene Queckenarten, z. B. Triticum junceum, welches auf allen Düneninseln vorkommt; ferner Anthyllis vulneraria, der Wundklee, und Jasione montana var. littoralis, die Bergnelke, welche mit ihren blauen Blüthen in großer Menge z. B. die inneren Reihen der Borkumer Dünen schmückt. Eine andere, auf den eben genannten Sandhügeln häufige Pflanze ist die kriechende Brombeere, Rubus caesius, mit glanzlosen, blau bereiften, herben Früchten.

Reich an zart blühenden und lieblich duftenden kleinen Gewächsen sind die inneren Dünenthäler, auf deren oftmals feuchtem und moorigen Boden, z. B. Parnassia palustris, das Sumpfherzblatt und Pyrola rotundifolia var. arenaria, das rundblättrige Wintergrün, durch ihre, oft zehn bis zwanzig weiße Blumen zählenden Exemplare, und zwar die der Pyrola mit mehreren kleinen

Die Pflanzenwelt.

Glocken, sowie durch das honigartige Aroma derselben sich besonders auszeichnen. Beide werden namentlich auf Norderney in großer Menge gefunden. Eine andere merkwürdige Pflanze, die ebenfalls auf den ostfriesischen Inseln wächst, ist Drosera rotundifolia, der rundblättrige Sonnenthau, deren Blätter mit Drüsenhaaren besetzt sind und einen wasserhellen scharfen Saft absondern, von welchem sie den Namen Sonnenthau erhalten hat. Auch das schmalblättrige Tausendgüldenkraut, Erythraea linariaefolia, mit seinen rothen Blüthen ist auf diesen Inseln in Menge vorhanden. In den feuchten Dünenthälern von Borkum, Norderney und Spiekeroog kommt auch eine Orchideenart vor, die gemeine Sumpfwurz, Epipactis palustris, mit weißen, rothgestreiften Blüthen. Auf Norderney und Borkum wächst ebenfalls Epipactis latifolia, die breitblättrige Sumpfwurz, deren purpurfarbene Blüthen für die Blumenvasen der Badegäste sehr gesucht sind. Auch mehrere Arten von Epilobium, z. B. E. palustre, das Sumpf=Weidenröschen, mit blaßrothen Blüthen werden auf den eben genannten Inseln angetroffen.

An einigen besonders moorigen Stellen auf Norderney und Borkum breiten sich die bekannte Haide, Erica vulgaris, und die Glockenhaide, E. tetralix, aus, deren zart fleischfarbene glockenförmige Blüthen auch wohl Haideröschen genannt zu werden pflegen. Auf Sylt sind große Flächen bei Kampen und Braderup von Haidekräutern bedeckt, während auf der Düne von Helgoland diese Ericineen gänzlich fehlen. Außerdem wachsen auf dieser Bodenart die Morastheidelbeere, Vaccinium uliginosum, mit ihren weißen oder röthlichen Blüthen und schwarzen Beeren, welche namentlich auf Norderney und Sylt heimisch ist, während V. oxycoccos, die Moosbeere, mit rothen Früchten sich besonders auf Norderney findet.

Auf den Hügeln, die den Uebergang von den Dünen zu den Wiesen und Ackerländereien bilden, pflegen Viola tricolor, das Stiefmütterchen, ferner Jasionen, Campanula rotundifolia, die rundblättrige Glockenblume, auch Erd=

thräen u. f. w. sich mit ihren Blüthen aus dem übrigen gewöhnlichen Pflanzenwuchs, der unter Anderen auf den ostfriesischen Inseln durch Phleum arenarium, das Sand= lieschgras, gebildet wird, auszuzeichnen. In den Wiesen, Gärten und Aeckern, von welchen letztere meistens mit Bohnen, Kartoffeln und Getreide*) bebaut werden, finden sich die gewöhnlichen Gräser Phleum pratense, Poa pratensis und P. trivialis, ferner einige Arten Festuca und Bromus, ebenfalls Allopecurus pratensis und A. geniculatus, der Wiesen= und Kniefuchsschwanz, mit bräunlich gewimperten, walzigen Aehren. Außerdem kommen z. B. auf Norderney, Spieke= roog und Sylt Avena praecox, früher Hafer, vor; ferner Lycopsis arvensis, der Acker=Krummhals, und Linaria vulgaris, das gemeine Leinkraut, auf Norderney und Langeoog. Auf Spiekeroog findet sich in großer Menge Trifolium arvense, der Ackerklee.

Je weiter die Wiesen sich dem Wattstrande nähern, desto mehr wird der Einfluß des Seewassers bemerklich, indem daselbst die salzliebenden Pflanzen auftreten, unter denen Glyceria maritima, das Seestrands=Süßgras oder der sogenannte Queller sehr häufig ist und sich auch am Unterlande des Helgolander Felsens findet, während es auf der dortigen Düne und der Insel Sylt fehlt; ferner Agrostis alba var. maritima, der strandständige Windhalm, der auf sämmtlichen Düneninseln vorkommt, ebenfalls Atriplex littorale, die Strandmelde, und Plantago maritima, der Strand=Wegerich, der auch auf dem Helgolander Felsen wächst.

In der Nähe des Watts finden sich die durch ihre Farbe und Blüthen auffallenden Strandgewächse, z. B. Artemisia maritima, der Seewermuth, mit blaß= blaugrüner Färbung und scharfem Geruch; sodann Aster tripolium, die Meerstrandssternblume oder Strandaster,

---

*) Getreide=Aecker fehlen z. B. auf Spiekeroog und Helgoland gänzlich.

Die Pflanzenwelt. 121

deren Blüthen mit gelber Scheibe und blauen Strahlen, ebenso wie die der Strandnelke, Statice limonium, und gemeinen Grasnelke, St. armeria, sich durch ihre hübschen Farben (erstere blüht blau oder lilla, letztere roth mit weißen Kopfblüthen) bemerklich machen. Die genannten Arten Artemisia 2c. finden sich auch an den Seedeichen oftmals in großer Menge, dagegen fehlen dieselben auf der Helgolander Düne. Auf letzterem Eilande wird die übrigens häufige Salicornia herbacea, das Glasschmalz, welches am Ufer des Meeres wächst und aus dessen Asche Soda bereitet wird, nicht angetroffen.

Zu den sodahaltigen Gewächsen gehören ebenfalls die am Strande des offenen Meeres wachsenden Pflanzen, welche sich theilweise auch am Watt oder an den der See zugekehrten Abhängen der Dünen finden und deren saftige Blätter und Stiele auf dem sterilen Sandboden besonders auffallen. Dahin gehören Cakile maritima, der gemeine Meersenf, mit seinen blaß lillafarbenen Blüthen und Salsola Kali, das gemeine Salzkraut. Außerdem kommen zuweilen am Strande (mit Ausnahme der Helgolander Düne) Halianthus peploïdes, die dickblättrige Salzmiere, mit weißen Blüthen; ferner Chenopodina maritima, der Seegänsefuß und Triglochin maritimum, die Salzbinse oder Seestrands-Dreizack, mit ährenförmigen, grünlichen Trauben vor.

Auf dem Meeresboden wachsen Zostera marina und Zostera nana, das bekannte Seegras. Unter den kryptogamischen Gewächsen finden sich die Algen in sehr zahlreichen Arten, von denen Fucus vesiculosus, der Blasentang, ferner F. nodosus, F. serratus (ohne Blasen), Laminaria saccharina, der Zucker-Riementang, und Chorda filum, der Fadentang (welcher einem langen, dünnen, schlüpfrigem Bande ähnlich ist) am häufigsten angetroffen werden und sich durch ihre seltsamen Formen und Farben von den übrigen Gewächsen unterscheiden. Das bei Norderney vielfach vorkommende Gallertmoos, Sphaerococcus crispus, welches zu den Horntangen gehört und unter dem Namen „Isländisch= oder Karraghen=Moos" bekannt ist, wird zu medicinischen Zwecken verwendet. In bedeutender Menge sind die Algen bei Helgoland verbreitet, und schätzt man die Zahl ihrer Arten auf etwa dreihundert.

Die zu dieser Familie gehörenden zarten und feinfädigen Gewächse pflegt man auf Papier zu legen und als Erinnerung mit in die Heimath zu nehmen. Das Verfahren hierbei ist einfach, indem man diese Pflanzen in süßem Wasser auswäscht und über einen Bogen weißen Zeichnenpapiers, welcher auf einem Teller liegt, ausbreitet. Man gießt nun so viel süßes Wasser darauf, bis die Pflanze darin schwimmt und zieht dann den Bogen mit der daran haftenden Pflanze aus dem Wasser, indem man zugleich die feinen Aeste mit einem Pinsel oder einer Nadel ordnet. Diese Seegewächse kleben auf dem Papiere durch ihren Gehalt an Karraghen meist von selbst fest. Sodann müssen sie mit Löschpapier, welches am folgenden Tage durch Schreibpapier ersetzt und häufig gewechselt wird, bedeckt und unter vorsichtigem Druck gepreßt und getrocknet werden. Sehr feine Pflanzen pflegt man vor der Pressung zu trocknen, andere sehr schleimige Gewächse bei diesem Verfahren mit Oelpapier zu bedecken.

Die Thierwelt.

In den Dünen der Nordsee=Inseln leben die wilden Kaninchen, Lepus cuniculus, welche ihre weitverzweigten Höhlen meistens in den Sandschichten unter der Pflanzendecke anlegen und durch das Zernagen der Wurzeln, sowie durch die Plünderungszüge in den Gärten der Insulaner oftmals großen Schaden anrichten. In ähnlicher Weise werden auch auf einigen Inseln die Wasserratten, Hypudaeus amphibius, den Pflanzen der Dünen verderblich.

Im Wasser der Nordsee sind die **Flossensäuge=
thiere** durch Phoca vitulina, der gemeine Seehund, und
Ph. annellata, der geringelte Seehund, vertreten, von
denen jedoch letztere Art seltener angetroffen wird. Die
Jagd auf diese Thiere ist bereits Seite 45 beschrieben.
Unter den **Fischsäugethieren** kommt Phocaena communis, der Tümmler oder das Meerschwein häufig vor;
und wird dieses schwarze Thier namentlich bei heran=
nahendem Sturme mit besonders lebhaften, fast kugel=
förmig überschlagenden Bewegungen aus den Wogen
auftauchend, beobachtet.

Als eine charakteristische Eigenthümlichkeit dieser Nord=
seeküsten sind die verschiedenen und zahlreichen Arten von
Sumpf= und Schwimmvögel anzuführen, welche bald
sich im Sturmwind wiegen, bald auf der stillen Fluth
schwimmen, oder rasch am Strande entlang laufen und
mit bewunderungswürdiger Behendigkeit die kleinen Füße
fortbewegen. Größtentheils ziehen sich jedoch diese Thiere
nach solchen Eilanden hin, wo sie den Nachstellungen der
Menschen entgehen und werden daher auf den besuchteren
Inseln immer seltener. Aber auch hinsichtlich der größeren
und geringeren Verbreitung einzelner Gattungen treten
besondere Verschiedenheiten hervor, indem man z. B. die
kleinen zierlichen Seeschwalben, Sterna hirundo und St.
minuta häufiger auf den ostfriesischen Eilanden, als an
der Küste von Sylt sieht, während auf dieser großen,
schon nördlicher gelegenen Insel die größeren und stärkeren
Seemöven, z. B. Larus argentatus und L. ridibundus,
auch wohl L. marinus oder L. canus sich vorzugsweise
aufzuhalten pflegen.

Auch einige Arten von Raubmöven, z. B. Lestris
parasitica, werden an den Küsten der Nordsee angetroffen.

Als besondere Merkwürdigkeit ist zu erwähnen, daß
die Kaspische Meerschwalbe, Sterna caspia, und die Eider=
ente, Anas mollissima, in den Lister Dünen und auf dem
Ellenbogen, der nördlichsten schmalen Landzunge der Insel
Sylt, seit einer Reihe von Jahren vorkommen. Von

den Enten pflegen Anas todorna, die Brandente, und A. boschas, die Stockente, in den Erdhöhlen der Dünen, welche ursprünglich durch Kaninchen gegraben sind, ihre Nester einzurichten, während verschiedene andere Entenarten sich nur zur Zeit der Frühjahrs= und Herbstwanderungen auf den Nordseeinseln aufhalten.

Den Strand der Inseln bevölkern verschiedene Arten von Charadrius, z. B. Ch. hiaticula, der Sand=Regenpfeifer und Ch. cantianus, der See=Regenpfeifer, sodann der unter dem, durch den eigenthümlichen Klang seines Rufes entstandenen Namen „Düte" oder „Tüt" bekannte Gold=Regenpfeifer, Charadrius pluvialis. Ein anderer merkwürdiger Bewohner des Seeufers ist der rothfüßige Austernfischer, Haematopus ostrealegus, welcher hauptsächlich den Mollusken nachstellt und oftmals mit großer Geduld wartet, bis sich eine an den Strand gespülte Auster öffnet, um sie mit seinem Schnabel von der Schale zu reißen und zu verspeisen. Sodann sieht man die Strandläufer, z. B. Tringa cinerea, den grauen Strandläufer, einzeln und in größeren Schaaren auf dem von den Wellen verlassenen Ufer; ebenfalls verschiedene Arten von Totanus, z. B. T. glottis, den grünfüßigen Wasserläufer. Gewöhnlich halten sich diese Thiere am Watt auf, indem dort theils weniger Menschen hinkommen, theils größere Mengen von Weich= und Strahlthieren u.s.w. aus dem ruhigen Wattenmeere abgesetzt werden.

Zuweilen sieht man auch den kleinen Sturmvogel, Thalassidroma pelagica, in diesen Gegenden der Nordsee; seltener den Tord=Alk, Alca torda, oder den nordischen Seetaucher, Colymbus septentrionalis, welche sich von den bisher genannten Arten durch ihre eigenthümliche, aufrechte Stellung unterscheiden.

An Sümpfen und Teichen finden sich Kibitze und Wasserhühner, weniger häufig werden Reiher und die kleinen Rohrdommeln gesehen. Die Wiesen, Aecker und Gärten der meisten Inseln dienen Lerchen, Ammern, Wiesen= und Wasser=Piepern, Dorn=Grasmücken, Weiden=

Die Thierwelt. 125

Zeisigen, Fitis=Sängern, Drosseln u. s. w. zum Aufenthalt, während in der Nähe der Gebäude Sperlinge und Schwalben angetroffen werden. Im Jahre 1863 waren einige Fausthühner, Syrrhaptes, welche sonst nur in den Steppen Asiens leben, nach der Insel Borkum gerathen, und wurde diesen seltenen Gästen eifrig nachgestellt.

Zur Zeit der Tag= und Nachtgleiche treffen die geschwätzigen Staare auf ihren Wanderungen ein, während alsdann die Erlengebüsche auf Norderney von den kleinen, nur $3\frac{1}{2}$ Zoll großen Goldhähnchen, Regulus cristatus und R. ignicapillus, belebt werden.

Von Raubvögeln kommen nur selten einige Arten nach den Inseln hinüber, unter denen z. B. Falco buteo, der Mäusebussard, oder F. peregrinus, der Wanderfalke, die gewöhnlichsten sind. Als eine ganz besondere Erscheinung ist der mächtige Seeadler, F. albicilla, zu betrachten, der zuweilen über den Wogen der Nordsee oder einer der Inseln schwebt, um aus der Höhe auf seine Beute hinabzustoßen.

Die Amphibien sind nur durch die gewöhnlichen Frösche und Kröten auf dem sumpfigen Terrain der Inseln vertreten, und wird außerdem aus dieser Klasse höchstens der Wasser=Salamander, Triton palustris, angetroffen.

Zugleich mögen hier die der fünften Klasse des Thierreichs angehörenden Insekten erwähnt werden, von denen einige Arten Laufkäfer, Mistkäfer und Junikäfer; ferner von Schmetterlingen: der Admiral, Vanessa Atalanta, der kleine Fuchs, V. urticae, und der Kohlweißling, Pontia brassicae, während der warmen Monate des Jahres auf den Inseln vorkommen. Im Ganzen fehlen die Insekten, welche die Luft erfüllen und oft sehr lästig werden, in dieser reinen Atmosphäre fast gänzlich, indem höchstens einige Fliegen an den Stellen, wo das Vieh weidet, oder auf den Haidestrecken die gewöhnlichen Bienen sich aufhalten.

Den größten Reichthum an Thieren bietet die weite

Fläche des Meeres, dessen Fluthen von den verschiedenartigsten Geschöpfen bevölkert werden, unter denen die Fische den Menschen am nützlichsten sind, indem sowohl die eigentlichen Schellfische, Gadus aeglefinus, welche nach dem Tode die besondere Eigenthümlichkeit besitzen, stark zu leuchten*), als auch namentlich die Kabliaus, G. morrhua, während der Zeit von März bis September in großen Mengen von den Fischern der ostfriesischen Inseln ꝛc. gefangen und alsdann sowohl nach den Hafenstädten des Festlandes zum Verkauf gebracht, als auch von den Insulanern verzehrt werden. Frisch gesalzen ist der Kabliau unter dem Namen Laberdan, ungesalzen und an Stangen getrocknet, als Stockfisch, oder gesalzen und getrocknet als Klippfisch bekannt. Seltener finden sich in der Nordsee der zu den Schellfischen gehörende Dorsch, G. callarias, und der Zwergdorsch, G. minutus.

Das Fleisch der zu den Brustflossern gehörenden Makrelen, Scomber scombrus, ist seiner Weichlichkeit wegen der schnellen Verderbniß ausgesetzt, und muß deshalb bald nach dem Fange verzehrt werden.

Aus der Familie der Clupeaceen findet sich der überall bekannte Häring, Clupea harengus, in zahlloser Menge während des Sommers an den norwegischen und jütländischen Küsten ein. Der Fang dieser nützlichen Fische wird hauptsächlich von den Holländern betrieben, indem mit ca. 1200 Fahrzeugen derselben jährlich ein Ertrag von 430 Millionen Stück erreicht wird. Der zu derselben Familie gehörende Maifisch, Alosa vulgaris, welcher im Mai aus der Nordsee in die Flüsse steigt, ist ebenfalls eßbar.

Eine besondere Art von Fischen, die sich durch ihre platte Form und die nur auf einer Seite des Kopfes liegenden Augen, dabei aber durch ihr feines, wohl-

---

*) Diese Erscheinung, die auch bei anderen Seethieren vorkommt, ist nach Matteuci von einem sich bei der Verwesung bildenden Stoffe abhängig, welcher Sauerstoff zu seiner Fortbildung erfordert.

Die Thierwelt.

schmeckendes Fleisch besonders auszeichnet, bildet die Gattung der Pleuronecteen oder Schollen. Unter diesen wird Pleuronectes platessa, die gemeine Scholle, häufig am Strande der See mit Handnetzen gefangen; ebenfalls die kleinste, aber schmackhafteste Scholle, P. limanda, Kliesche genannt, ferner die ebenfalls sehr wohlschmeckenden Seezungen, P. solea, sodann die größeren Butte*), Rhombus maximus und Rh. vulgaris.

Außerdem kommen Trigla hirundo, der Knurrhahn, welcher beim Berühren die in der Schwimmblase eingeschlossene Luft auspreßt, ferner Esox belone, der europäische Hornhecht, mit eßbarem Fleische, in der Nordsee vor.

Die im tieferen Wasser lebenden Raubfische, unter denen sich jedoch niemals die gefürchteten Menschenhaie finden, sind: Scyllium canicula, das Seehündchen oder die Rousette, und Acanthias vulgaris, der Dornhai. Außerdem werden der Meerstichling, Gasterosteus spinachia, und der Seewolf, Anarrhichas lupus, den übrigen Fischen gefährlich.

Der meist zu Ködern benutzte Butterfisch, Blennius gunellus, hält sich zuweilen während der Ebbe unter dem an den Strand gespülten Tang auf, um mit der nächsten Fluth wieder in's Meer zu gelangen. Die zu gleichem Zwecke dienenden kleinen, silberweißen Fische, Ammodytes Tobianus und A. lancea, die sogenannten Spierlinge oder Sandaale, existiren im feuchten Sande des Strandes, weshalb sie in Helgoland den Namen „Sandert" d. h. Sandbewohner erhalten haben. Der Fang derselben ist bereits Seite 32 geschildert.

Zu den häßlichsten Fischen mit flachem Leibe, schmutziger Farbe und schleimigen Ueberzuge gehören die Rochen, Rajacei, unter denen Raja clavata, der Stachelroche, sich am häufigsten in den Fluthen der Nordsee

---

*) Die Fischer pflegen die glatten Plattfische Schollen, die rauhen, Butte zu nennen.

aufhält. Von diesen Thieren stammen die merkwürdigen Eier, deren lederartige, schwarze Schalen mit ihren, an den vier Ecken auslaufenden Anhängen, einer Tragbahre ähnlich sehen, und vielfach am Strande gefunden werden. Auf den ostfriesischen Inseln sind sie unter dem Namen „Spiegel" bekannt.

Fast ebenso wichtig wie die Fische, sind für den Erwerb der Insulaner einige Arten aus der Klasse der Krustenthiere, z. B. der Hummer, Homarus vulgaris, der namentlich bei Helgoland mit Körben oder Säcken gefangen wird, welche mit Steinen beschwert, und am Eingange mit einem Stückchen Fleisch, als Köder, versehen, auf den Meeresgrund mit einem Tau hinabgelassen werden, während das obere Ende desselben durch Korkstücke auf der Oberfläche des Wassers schwimmend erhalten bleibt und auf diese Weise die Stelle angiebt, wo die Körbe versenkt sind.

Häufiger finden sich die kleinen Garneelen, Crangon vulgaris, welche von den Insulanern „Granaten", von den Holländern „Garnaaten" genannt werden. Diese kleinen, krebsartig geformten Thiere sind, lebend, vollständig durchsichtig und bilden erst durch das Kochen eine dichtere Masse mit röthlicher Färbung. Im Anfange des Sommers werden diese Thiere in ungeheurer Menge an den Küstenstrecken gefunden und am flachen Strande mit Handnetzen gefangen.

Auch die seltsamen, häßlichen Taschenkrebse, Krabben genannt, welche sich seitwärts fortbewegen, leben in großer Anzahl im Meere und kommen häufig im Watt oder am Strande der Inseln vor, in welchen sie sich, sobald ihnen Gefahr droht, einwühlen. Hierzu gehören die grünlich graue Strandkrabbe, Carcinus maenas, ferner der breite Taschenkrebs, Platycarcinus pagurus, u. a. m.

Ein kleiner Taschenkrebs, nur einen halben Zoll groß, ist der Pinnenwächter, Pinnotheres pisum, welcher seinen Wohnsitz in den Schalen der Miesmuscheln hat. Aehnlich wie die vorige Art bewohnt der sogenannte

Die Thierwelt. 129

Bernhardskrebs die leeren Gehäuse des Wellhorns, während kleinere Exemplare in denen der Uferschnecke oder der Nabelschnecke angetroffen werden.

Auf Muschelschalen, Steinen und namentlich am Felsen von Helgoland lebt eine höchst merkwürdige Art von Crustaceen, deren Schalen eher einer versteinerten unvollkommenen Blume, als dem Gehäuse eines Krusten=thiers ähnlich sehen. Es ist dies die sogenannte See=tulpe, Balanus sulcatus, deren Thiere jedoch selten in den kegelförmigen Schalen gefunden werden.

Die am Strande liegenden Tanggewächse bewohnt eine zu derselben Klasse gehörende Art, die sogenannte Meerfloh, Talitrus locusta, welche vollständig durchsichtig, nur die Größe eines halben Zolls erreicht und häufig am Strande umherhüpft.

Von den am Meere lebenden Würmern ist der Pierer oder Sandwurm, Arenicola piscatorum, bereits Seite 32 erwähnt. Die auf dem Wattstrande der Inseln aufgeworfenen, dünnen, schlangenförmig gewundenen Sand=schnüre, welche ein kleines Loch im Boden verdecken, sind von dem Sandwurm beim Emporkommen aufgewühlt, und zwar in ähnlicher Weise wie der Maulwurf seine Hügel aufthürmt.

Zwei andere Arten von Röhrenwürmern, deren Gehäuse häufig am Strande gefunden werden, sind der schillernde Goldwurm, Pectinaria auricoma, und der Muschelschopfwurm, Terebella conchylega. Ersterer baut mittelst eines schleimigen Stoffes seine 2 bis 3 Zoll langen, köcherförmigen Röhren nur aus Sandkörnchen, die leicht zerbrechen; während letzterer seine fast einen Fuß langen, etwas häutigen und biegsamen Röhren auf eine ähnliche Weise aus Sand und Muschelstücken zu=sammensetzt.

Ferner sind zwei Arten Wurmröhren, Serpula vermicularis, die gemeine Wurmröhre und Serpula contortuplicata, die gewundene Wurmröhre, sowie die zu den Glattwürmern gehörende Quappe oder Echiurus, so=

dann eine Art Fächerwurm, Sabella pavonia, und nament=
lich die unter dem Namen „Seemaus" bekannte 4 bis
5 Zoll große, flache Seeraupe, Aphrodite aculeata, mit
den auf dem Rücken rothbraun und goldgrün schillernden
Borstenbündeln; ferner die gewöhnliche Nereide, Nereis
pelagica, welche ähnlich wie Polynoe fulgurans im Meere
leuchtet, aus dieser Klasse für die Nordseegegenden be=
merkenswerth.

Am interessantesten pflegen die Mollusken mit
ihren verschiedenartig geformten und gefärbten Gehäusen
und Schalen den Besuchern des Meeres zu sein; doch
kommen in der Nordsee verhältnißmäßig nur einfache
Arten von Weichthieren vor, welche auf einigen Inseln
z. B. Norderney und Helgoland, zu sehr niedlichen
Muschelarbeiten verwendet werden.

Bekanntlich theilt man die Mollusken in Kopf=
weichthiere und kopflose Weichthiere ein; zu er=
steren gehört die Sepie oder der Dintenfisch, Sepia offi-
cinalis, welcher in einer Drüse eine schwarzbraune Flüssig=
keit, die unter dem Namen Sepiafarbe zur Malerei
benutzt wird, bei sich führt. Die Thiere selbst werden
selten gefangen, desto häufiger findet man am Strande
die weißen Rückenplatten derselben, welche unter dem
Namen Ossa sepiae bekannt sind und aus einer zerreib=
lichen Kalkerde, die auf der Außenseite mit einem Horn=
schilde bedeckt ist, bestehen.

Auch die verschiedenen Schneckenarten gehören zu
den Kopfweichthieren und kommen z. B. das große Well=
horn, Buccinum undatum, in verschiedener Größe und
Färbung vor. Die lebenden Thiere finden sich meistens
im Watt, während die leeren Gehäuse, oftmals mit Ba=
lanen bedeckt (s. Seite 129), am offenen Meeresstrande
gefunden werden. Eigenthümlich sind die leeren gelb=
lichen Eiertrauben dieses Thieres, welche durch ein Band
verbunden, große Aehnlichkeit mit einem Hummelneste
haben und nicht selten an's Ufer gespült werden.

Die Thierwelt.

Ferner leben die gefleckte Nabelschnecke, Natica monilifera, welche zugleich mit der vorigen bereits Seite 129 erwähnt wurde, sodann die Strandschnecke, Litorina litorea, die tonnenweise als Eßwaare an die Märkte gebracht wird, sowie die nur 3 Linien große Tangwasserschnecke, Hydrobia ulvae, in der Nähe des Ufers. In größerer Tiefe hält sich eine Thurmschnecke, Turritella ungulina, auf, welche nebst der unechten Wendeltreppe, Scalaria communis, die sich von der echten dadurch unterscheidet, daß die einzelnen Windungen derselben sich vollständig berühren, und der gerandeten Käferschnecke, Chiton marginatus, nur selten an den Strand gespült werden.

Bei Helgoland finden sich der kleine kegelförmige, nach Entfernung des grauen Kalkmantels schön perlmutterglänzende Trochus cinerarius, und die gestreifte Napfschnecke, Patella pellucida, welche sich namentlich auf die Blätter der Tanggewächse aufsaugt.

Die zu den kopflosen Weichthieren gehörenden Muscheln sind hauptsächlich durch die gewöhnliche Herzmuschel, Cardium edule, am Seestrande vertreten, deren gerippte Schalen zu Muschelkalk benutzt werden. Zu gleichem Zwecke dient die eßbare Miesmuschel, Mytilus edulis, deren Fang Seite 8 geschildert wurde. Beide Arten kommen weniger häufig am Strande von Helgoland vor. Der bekannten eßbaren Auster, Ostrea edulis, ist bereits unter Sylt, wo sich die eigentlichen Austernbänke befinden, Seite 91 u. f. gedacht. Zu den gewöhnlichen Muscheln zählt man die gemeine Trogmuschel, auch Strandmuschel genannt, Mactra solida, deren dicke, gelblich=weiße, meistens mit blauen oder bräunlichen Querbinden gestreifte Schalen, in besonderer Menge am Strande, namentlich in Sylt, angetroffen werden. Seltener findet man den sogen. Strahlkorb, Mactra stultorum, mit glatten, blaßbraun=gelben zarten Schalen, die meistens weißgestrahlt sind. Auch die kleinen Tellmuscheln, namentlich Tellina tenuis, die dünne Tellmuschel, mit den flachen, zartgestreiften, oft fleischrothen oder gelblichen Schalen wird von den

Wogen am Sylter oder Helgolander Strande gewöhnlich zertrümmert, findet sich dagegen häufiger auf den ostfriesischen Inseln. In größerer Menge kommt Tellina crassa, die dicke Tellmuschel, welche sich hauptsächlich durch die stärkeren Schalen von den vorigen Arten unterscheidet, vor. Auch die Klaffmuscheln, Mya arenaria, die gemeine, und Mya truncata, die abgestutzte Klaffmuschel, mit großen, starken, weiß oder gelblich gefärbten Schalen werden besonders häufig auf den ostfriesischen Inseln, z. B. bei Norderney an der weißen Düne gefunden. Ferner die Stumpf= oder Dreiecksmuschel, Donax anatina, deren außen bräunliche Schalen durch strahlenförmige, etwas eingekerbte Linien, am Rande fast gezähnelt erscheinen, gehört zu den gewöhnlichen Muscheln am Strande.

Seltener finden sich jedoch die sogen. Messerscheiden, Solen vagina, S. siliqua und S. ensis, welche senkrecht im Meeressande zu stecken pflegen, sich jedoch bei herannahender Gefahr schnell tiefer eingraben.

Zu den Mollusken, die sich in Steine, Holz oder Schlamm einbohren, gehören die Pholaden, deren zarte, netzartig gerippte, weiße Schalen hauptsächlich den Zweck haben, die Verbindung zwischen dem Thiere, welches sich mit kleinen harten Kalkplättchen einbohrt, und dem Meerwasser herzustellen. In der Nordsee finden sich die weiße Bohrmuschel, Pholas candida, deren dünne, zerbrechliche Schalen auch Papiermuscheln genannt werden, ferner die krause Bohrmuschel, Pholas crispata, mit verhältnißmäßig breiterem und dickeren Gehäuse.

Eine in den Seehäfen sehr gefürchtete Bohrmuschel ist der gemeine Pfahlwurm, Teredo navalis, der sich ebenfalls mittelst harter Kalkplättchen in das Holzwerk der Schiffe oder in die Pfähle der Hafenbauten Gänge bohrt und oftmals großen Schaden anrichtet.

Den kopflosen Weichthieren schließen sich die Mantel= oder Sackthiere an, welche weder Schalen noch Füße besitzen; unter denen der gemeine Meerscham, Phallusia monachus und die gemeine Phallusie, Ph. intestinalis, die gewöhnlichsten in der Nordsee sind.

Die **Strahlthiere** werden in diesen Gegenden durch die zu den Sternwürmern oder Holothurien gehörige Pentacta frondosa, die fünfkantige Seegurke; ferner durch die fast kugelförmigen **Seeigel**, sodann durch die **Seesterne** und die **Quallen** vertreten.

Unter den Seeigeln sind die gewöhnlichsten, Echinus esculentus, der gemeine, und E. miliaris, der purpurgefleckte Seeigel; ferner der purpurrothe Herzigel, Spatangus purpureus. Die kalkigen Schalenhüllen dieser Thiere bestehen meist aus zwanzig Reihen unbeweglich verbundener, fünfseitiger Täfelchen und sind mit zahlreichen Höckern bedeckt, auf welchen kurze und dünne, leicht abfallende Stacheln sich befinden.

Von den Seesternen kommen in der Nordsee hauptsächlich der rothe Seestern, Asteracanthion rubens, dagegen der violette Seestern, A. violaceum, und der hochgelbe Kammstern, Asteropecten aurantiacus, welcher in den Rinnen seiner Strahlen nur zwei Reihen Füße besitzt, weniger häufig vor. Am flachen sandigen Strande ist der kleine graue Spröbstern, Ophiolepis squamata, nicht selten, während an dem felsigen Ufer von Helgoland sich der gemeine Spröbstern, Ophiotrix fragilis, vorzugsweise aufhält. — Der flache Körper dieser Thiere, deren Mundöffnung mit ausdehnbaren Fühlfäden besetzt ist, läuft in fünf Strahlen oder Arme aus. Hiervon macht jedoch der Sonnenseestern, Solaster papposus, eine Ausnahme, indem derselbe regelmäßig über 10 Arme oder Strahlen besitzt.

Die Quallen, welche meistens nach stürmischem Wetter in Menge am Strande gefunden werden, haben einen gallertartigen, weichen und durchscheinenden, verschieden gefärbten Körper, welcher einer Glocke, Scheibe oder großen Blase ähnlich sieht und mit zarten Fangarmen versehen ist. Mehrere Arten besitzen Nesselorgane zur Vertheidigung oder zum Einsaugen der Nahrung, mit denen diese Thiere z. B. durch Berührung der Badenden ein starkes Jucken und Brennen auf der Haut hervorbringen können. Eine andere Eigenschaft, welche jedoch nicht alle Arten besitzen, besteht in der Fähigkeit zu leuchten. In der Nordsee halten sich hauptsächlich Thaumanthias hemisphaerica, halbkugelige Beutelqualle, und Medusa aurita, die gemeine Ohrenqualle auf. Der Körper der letzteren ist durchsichtig weiß mit violetten Organen. Ferner gehören hierzu die blaue Qualle, Rhizostoma Cuvieri, die gemeinste Art in der Nordsee, welche jedoch nicht in der Ostsee vorkommt. Diese sowohl wie die gemeine Haarqualle, Cyanea capillata, mit gelblich rothem Körper, nesseln heftig.

Von den Polypenquallen finden sich ebenfalls einige Arten, unter denen Sertularia abietina, die gefiederte Meertanne, häufig auf Conchylien oder Steinen angetroffen wird; auch der kleine gablige Glockenpolyp, Campanularia dichotoma, ist nicht selten in der Nordsee. — Diese Sertulariden sitzen seitlich oder endständig an einem, meist ästig verzweigten, von zarter Röhre umschlossenen Polypenstamme, welcher sich, ähnlich den Pflanzen, mit seinen Wurzeln an Meereskörper anklammert und Zweige und Aeste treibt.

Hieran schließen sich die Korallenthiere, auch Thierpflanzen oder Zoophyten genannt, unter denen die Actinien, ferner auch die rothe Seefeder und die Blätterrinde an diesen Küstenstrecken hauptsächlich verbreitet sind.

Die Actinien oder Seeanemonen, welche zu den Blumenthieren gehören, haben einen weichen, lederartigen Leib, der fast ganz von dem sackartigen Magen eingenommen wird, dessen obere Oeffnung von strahlig gestellten Fühlerkreisen umgeben ist. — Namentlich im Watt trifft man von diesen seltsamen Geschöpfen die rothe Seeanemone, Cribrina coriacea, und an den Felsenriffen von Helgoland die rothe Meernessel, Actinia mesembryanthemum, deren 3 Zoll großer, braunrother Körper zuweilen grün gefleckt ist.

Von den Federkorallen, die einen weichen Polypen=stock bilden, dessen unteres Ende im Schlamm steckt, während die Polypen am oberen Theile des Stammes sitzen, wird in der Nordsee die gemeine Seefeder, Pennatula phosphorea, gefunden.

Eine andere eigenthümliche Thierpflanze ist die sogen. Blätterrinde, Flustra foliacea, deren blattförmiger und wegen Mangel an Kalk weicher und biegsamer Stock häufig bei Helgoland vorkommt. — Namentlich auf dem Carraghen=Moose, Sphaerococcus crispus, findet sich Membranipora pilosa, ein Polyp, welcher andere Körper rindenartig überzieht.

Die letzte Klasse des Thierreichs bilden die sogen. Urthierchen, zu denen die früher den Quallen zuge=rechnete Noctiluca miliaris, deren Leib eine klare, nieren=förmige Blase von $\frac{1}{17}$ Linie im Durchmesser bildet und Nachts im Meerwasser leuchtet, gehört. Sodann sind vorzüglich die Peridinäen oder Kranzthierchen zu erwähnen, welche unter den Infusorien durch die ungeheure Ver=breitung nicht allein während der Jetztzeit, sondern auch in früheren Erdperioden eine geologische Bedeutung er=halten haben. Unter den verschiedenen Arten zeichnet sich das dreihörnige Kranzthierchen, Ceratium tripus, dessen Körper nur $\frac{1}{12}$ Linie groß ist, in der Nordsee durch sein starkes Leuchten aus, welches sowohl in den Wellen als auch in dem vom Meerwasser feucht gewordenen Sande, durch Erschütterung desselben mit dem Fuße, bei einge=tretener Dunkelheit wahrgenommen werden kann. Die Thiere selbst sind nur mit Hülfe des Vergrößerungs=glases zu erkennen. „Durch Anwendung des Mikroscops", sagt A. v. Humboldt, „steigert sich noch mehr, und auf eine bewunderungswürdige Weise, der Eindruck der Allbe=lebtheit des Oceans, das überraschende Bewußtsein, daß überall sich hier Empfindung regt. In Tiefen, welche die Höhe unserer mächtigsten Gebirgsketten übersteigen, ist jede der auf einander gelagerten Wasserschichten mit polygastrischen Seegewürmen, Cyclidien und Ophrydinen belebt. Hie schwärmen, jede Welle in einen Lichtsaum verwandeln und durch eigene Witterungsverhältnisse an die Oberfläche gelockt, die zahllose Schaar kleiner, funkelnd=blitzernde Leuchtthiere, Mammarien aus der Ordnung der Acalepher Crustaceen, Peridinium und kreisende Nereidinen."

Dieser wunderbare Anblick, daß dieselben Wogen des Meeres, in welchen man am Tage gebadet hat, be nächtlicher Weile durch die mit „Phosphorescenz" begabten unzähligen kleinen Geschöpfe in bläulichem Glanze er glühen, wird nicht jedem Besucher der Nordsee=Inseln zu Theil, indem ein solches Phänomen nur selten in seiner vollen Pracht aufzutreten pflegt. Denen jedoch, welche Gelegenheit haben, sich an diesem Schauspiel der Natur zu erfreuen, wird dieser Eindruck nebst den übrigen groß= artigen Erscheinungen des Meeres für lange Zeit un= vergeßlich bleiben! —

www.ingramcontent.com/pod-product-compliance
Lightning Source LLC
Chambersburg PA
CBHW021953290426
44108CB00012B/1059